高等医学院校实验系列规划教材

生态学实验与习题指导

SHENGTAIXUE SHIYAN YU XITI ZHIDAO

主 编 刘高峰

副主编 王春景

编 委（以姓氏笔画为序）

王春景 刘高峰

李 晶 胡小梅

中国科学技术大学出版社

内 容 简 介

全书内容包括两大部分。第一部分为生态学实验,共10项,既有基础性实验,也有综合性和研究性实验。基础性实验是经过精选的最基本的实验方法和技术,通过学习使学生掌握相应学科的基础知识和基本技能,为综合性实验奠定基础。综合性实验主要训练学生对所学知识和实验技术的综合运用能力、对实验的独立操作能力、对实验结果的综合分析能力,为研究性实验的顺利开展做好准备。研究性实验以本学科的研究为主,结合其他学科的知识和技术,由学生自己设计实验方案,开展科学研究,撰写课程研究论文,使学生得到科学研究的初步训练,为毕业论文研究工作的开展打下基础。第二部分为生态学习题及参考答案,主要帮助学生更好地掌握生态学基础知识。

本书可供高等院校生物科学、生态学、环境科学等专业的师生使用。

图书在版编目(CIP)数据

生态学实验与习题指导/刘高峰主编. —合肥:中国科学技术大学出版社,2015.5

ISBN 978-7-312-03688-0

Ⅰ. 生… Ⅱ. 刘… Ⅲ. 生态学—实验—高等学校—教学参考资料 Ⅳ. Q14-33

中国版本图书馆 CIP 数据核字(2015)第 045155 号

出版 中国科学技术大学出版社
    安徽省合肥市金寨路96号,邮编:230026
    网址:http://press.ustc.edu.cn
印刷 合肥华星印务有限责任公司
发行 中国科学技术大学出版社
经销 全国新华书店
开本 710 mm×960 mm 1/16
印张 7.75
字数 120 千
版次 2015 年 5 月第 1 版
印次 2015 年 5 月第 1 次印刷
定价 20.00 元

前　　言

　　"生态学"是处在蓬勃发展中的学科,其理论在环境保护,资源开发、利用和保护,医疗卫生等领域广泛应用,与人类的关系日益密切。因此,生态学已经成为高等院校文、理、农、工等各专业的必修课和选修课,是生物科学专业的主干课程之一。目前,国内"生态学实验教材"的版本较多,且基本上都是根据生态学课程的理论体系进行编写的。由于各高校在教学条件、教学对象、专业背景方面存在差异,其在教学内容、教学方法和手段上也应各具特色。所以,我们在多年教学经验的基础上,结合医学院校生物科学专业的特点编写了本实验教材。

　　本教材在实验内容的选择和设计上,注重把生态学的基本理论、生态学科的发展和本专业的特点有机结合,在强调对生态学基础理论和基本实验技能理解和训练的基础上,注重训练学生综合运用生态学及相关实验理论和技术进行实验设计、开展实验研究、进行实验分析的能力;实验对象涉及动物、植物、微生物,在强调微观与宏观、室内与室外、实验验证和模拟验证相结合的基础上,注重培养学生用生态学观点观察和思考问题的能力。实验方法既涉及生态学传统和经典的实验方法,也涉及生物化学和分子生物学等先进的研究方法,使学生能够综合运用多学科的研究方法开展研究。

本教材内容包括两大部分。第一部分为生态学实验，共10项，既有基础性实验，也有综合性和研究性实验。基础性实验是经过精选的最基本的实验方法和技术，通过学习使学生掌握相应学科的基础知识和基本技能，为综合性实验奠定基础。综合性实验主要训练学生对所学知识和实验技术的综合运用能力、对实验的独立操作能力、对实验结果的综合分析能力，为研究性实验的顺利开展做好准备。研究性实验以本学科的研究为主，结合其他学科的知识和技术，由学生自己设计实验方案，开展科学研究，撰写课程研究论文，使学生得到科学研究的初步训练，为毕业论文研究工作的开展打下基础。第二部分为生态学习题，主要帮助学生更好地掌握生态学基础知识。

由于编者水平有限，教材中难免出现不当之处，希望使用本书的教师、学生和有关科学工作者提出宝贵意见，以便再版时修改。

编 者

2015 年 3 月 20 日

目　　录

前言 ………………………………………………………………………（Ⅰ）

第一部分　生态学实验

实验一　生态学实验设计 …………………………………………………（3）
实验二　生物发育与温度定量关系的测定 ………………………………（8）
实验三　水因子对植物形态结构的影响 …………………………………（12）
实验四　重金属胁迫对小麦幼苗叶绿素含量和 SOD 活性的影响 ………（16）
实验五　生物的种间竞争 …………………………………………………（21）
实验六　种群生命表的编制与存活曲线的绘制 …………………………（24）
实验七　污染物对酵母细胞色素 C 的影响 ………………………………（28）
实验八　生态学数量方法及软件应用——利用 SPSS 进行生态实验数据
　　　　的方差分析 ………………………………………………………（31）
实验九　水体富营养化程度的评价 ………………………………………（35）
实验十　生物遗传多样性的测定 …………………………………………（40）

第二部分　生态学习题及参考答案

第一章　绪论 ………………………………………………………………（49）
　参考答案 …………………………………………………………………（50）
第二章　个体生态学 ………………………………………………………（53）
　参考答案 …………………………………………………………………（59）
第三章　种群生态学 ………………………………………………………（68）
　参考答案 …………………………………………………………………（73）
第四章　群落生态学 ………………………………………………………（83）

参考答案 ……………………………………………………………（ 87 ）
第五章　生态系统生态学 ………………………………………………（ 96 ）
　　参考答案 ……………………………………………………………（102）
第六章　应用生态学 ……………………………………………………（108）
　　参考答案 ……………………………………………………………（112）
参考文献 …………………………………………………………………（115）

第一部分

生态学实验

实验一　生态学实验设计

【实验目的】

1. 学习实验设计相关的理论知识,初步掌握实验设计的原理及方法。
2. 根据已有的理论知识,完成实验设计。

【实验原理】

实验设计是科学研究计划内关于研究方法与步骤的一项内容。在科研工作中,无论是实验室研究,还是现场调查,在制订研究计划时,都应根据实验的目的和条件,结合统计学的要求,针对实验的全过程,认真考虑实验设计问题。一个周密而完善的实验设计,能合理地安排各种实验因素,严格地控制实验误差,从而用较少的人力、物力和时间,最大限度地获得丰富而可靠的资料。反之,如果实验设计存在着缺点,就可能造成不应有的浪费,且足以减损研究结果的价值。总之,实验设计是实验过程的依据,是实验数据处理的前提,也是提高科研成果质量的一个重要保证。

生物的生长发育受多种生态因子的综合影响。生态学实验根据供试生态因子的多少和试验目标的不同通常可分为单因素试验、多因素试验和综合性试验。单因素试验(single-factor experiment)是一种最基本、最简单的试验方案,在整个试验过程中只变更、比较一个试验因素的不同水平,而其他影响试验的条件因素严格控制一致。多因素试验(multiple-factor experiment)是同一试验方案中包含两个或两个以上的试验因素,各个因素都分为不同的水平,其他试验条件均严格控制一致的试验。各因素不同水平的组合称为处理组合(treatment combination)。处理组合数是各供试因素水平数的乘积。生物的生长受到多种因素的综合作用,采用多因素试验有利于明确对生物体生长有关的几个因素的效应和相互作用,能够较全面地说明问题。因此,多因素试验的效率通常高于单因素试验。综合性试验(comprehensive experiment)实际上也是一种多因素试验,但综合性试验中各因素的各水平不构成平衡的处理组合,而是将若干因素的某些水平结合在一起构成少数几个处理组合。综合性试验的目的在于探讨一系列供试因素某些处理组合的综合作用,而不在于检测因素的单独效应和相互作用。单因素试验和多因素试验是分析性试验,而综合性试验是在对起主导作用的那些因素及其相互关系已基本清楚的基础上设置的试验。

实验设计一般应遵循的原则可概括如下:

1. 重复性原则(replication)

重复性原则可分为重复实验、重复测量和重复取样。重复实验是指在相同的实验条件下,进行两次或两次以上独立的实验,目的是为了降低以个体差异为主的各种实验误差。重复测量是指受试对象接受某种处理后,记录在不同时间点或对称的不同部位上重复观测的某定量指标的数值,目的是看定量指标随时间推移的动态变化趋势或部位改变条件下定量指标的分布情况。重复取样就是在同一个时间点,从同一受试对象身上或同一个样品中取得多个标本,目的是看各标本中某定量观测指标值的分布是否均匀或检测方法是否具有重现性。实验设计中所讲的重复原则指的是重复实验,即在相同的实验条件下的独立重复实验的次数应足够多。这里的"独立"是指要用不同的个体或样品做实验,而不是在同一个体或样品上做多次实验。重复的作用是估计和降低试验误差,以提高实验的精确度。

2. 随机原则(random assortment)

所谓随机原则,就是在抽样或分组时必须做到使总体中的任何一个个体都有同等的机会被抽取进样本,以及样本中的任何一个个体都有同等的机会被分入任何一组中去。在取样时,要做到把拟观测对象全部取样(如一个样地中的所有动物)往往是不可能的,只能从其中抽出一些样本(统计样本)来进行观测,这时的取样应遵循随机化原则,即被研究的样本是从总体中任意抽取的,任何样本被抽测的机会完全相等。这样做的意义一是可以消除或减少系统误差,使显著性检测有意义;二是平衡各种条件,避免实验结果的偏差。

3. 对照原则(control principle)

在实验设计中,通常设置对照组,用来鉴别实验中处理因素与非处理因素的差异,并消除或减少系统误差。实验设计中可采用的对照方法很多,如阴性对照、阳性对照、标准对照、自身对照、相互对照等。通常采用空白对照的原则,即不给对照组以任何处理因素。值得强调的是,不给对照组以任何处理因素是相对实验组而言的,实际上对对照组还是要做一定的处理,只是不加实验组的处理因素。

常用的实验设计方法主要包括以下几种:

(1) 完全随机化实验设计——只考虑一个因素的影响

完全随机化实验设计是一种最基本、最简单的实验设计方法。它只考虑一个因素的影响。将实验单元完全随机地分配于一个因素的各个水平组。若一个实验中共有 m 个水平(或处理),每个水平重复 r 次,则可将整个实验划分为 mr 个实验单元。其中,随机决定 r 个实验单元采用第 1 种处理,再随机选取另外 r 个实验单元采用第 2 种处理,依此类推,直到所有处理都完全随机地配置在所有的实验单元上。

(2) 随机区组设计——有两个因素产生影响时,只考虑一个因素的效应

随机区组设计总是从区组识别开始,即实验单元构成的相对均质的组群。如一窝麝鼠、南坡的草地等。区组可以围绕已知或未知的变异来构建。在野外生态学中,样方中的生境是最明显类型的区组。另外,如温室中的一室、一周中的一天、动物中体重相当的一群、由实验员 Y 测得的一组数据等,组与组之间的差异也是一种已知或未知的变异来源。区组设计的重要特征是,组间差异被从方差分析中的实验误差项中分离出来,因而增加了实验的精度。

随机区组设计有很多种,其中最常见的是完全随机区组设计。即在每

一区组中每一种处理出现一次,因此每一组包含 t 个实验单元($t=$处理数)。

(3) 因子设计

生态学经常需要同时考虑多重因子的影响。对于这种情况,实验设计时必须建立一个因子乘积表,在表中的每一格,即每一组因子组合中都应安排有实验。理想状况下所有组合中的样本量相等,即为一个平衡的设计;而在现实中,往往只能得到一个不平衡的设计。理想状况下,各因子是彼此独立地影响实验结果的,但在现实中,因子之间存在交互作用。

注意对于因子设计要有一个先期检验。必须先考察交互作用在统计上是否显著。如果是,必须搞清楚问题所在。当交互作用显著时,提供并分析对一个因子主效应的显著性检验是误导的,重要的是解释交互作用。

要完整地计算一个因子设计中的方差分析,每一组因子组合必须有两个以上的重复。重复可让我们计算其交互作用项,并判断其统计显著性。但这意味着,如果设计中有较多因子并且每个因子有多个水平时,总的重复数量就会增加很快。这一点带来的现实困难将生态学实验通常局限在 2~3 个因子的 4~5 个水平之内。由于因子设计对复杂性没有理论上的限制,因此,生态学野外和实验室实验中只能采用实际的限制。

(4) 拉丁方设计

当实验进行之前已知变化的一个来源时,随机化区组设计很有用。而当存在两种变化来源,并希望在一个实验中检验可控因子(处理)与两种来源变化的关系,就可以采用拉丁方设计。拉丁方设计是随机化完全区组设计的一个简单的延伸,其优点是在不增加实验次数的前提下,比随机化区组设计可多加入一类区组因子,进一步缩小偶然性的偏差。但拉丁方设计是一种限制较多的设计,因为每个因子的水平数必须相等。拉丁方具有对称性,即每一种处理在每一行和每一列中都只出现一次。因此,每一行和每一列都是一个完全的区组。如果不具备这种对称性,就不能使用拉丁方设计,而必须使用因子设计。

生态学实验设计的基本流程包括以下几个方面:

(1) 提出要解决的科学问题(提出假说),这是开展生态学实验的关键一步,有了要解决的问题,实验者根据所学知识和实验技能设计合理的实验方案就有了明确的目标和方向。

(2) 根据假说设计合理的实验方案和技术路线,科学地采集实验数据。

(3) 对实验数据进行统计、整理和分析,肯定、或否定、或修改假说,形成结论,或开始新的实验予以验证修改后的假说,直至得出可靠的实验结论。

【实验器材和材料】

1. 实验器材

一次性塑料花盆(盆口直径约 10 cm)、滤纸、光照培养箱、电子天平、恒温干燥箱、500 mL 烧杯、250 mL 容量瓶、10 mL 移液管、刻度尺等。

2. 材料

(1) 种子:根据实验条件选择合适的植物种子,如玉米、小麦、豆类等。

(2) 试剂:氯化钠。

【实验步骤】

根据实验设计的基本原理、方法和步骤,查阅相关文献,完成"盐分胁迫对植物生长发育的影响"的实验设计,包括研究目的、观测指标、研究方法和步骤、实验时间安排等。根据实验设计制定实施方案完成实验。

【实验结果与分析】

根据实验实施情况查找实验设计中存在的问题,提出解决办法,完善实验设计方案。

(刘高峰)

实验二　生物发育与温度定量关系的测定

【实验目的】

1. 掌握测定生物有效积温的方法。
2. 加深理解温度因子对生物发育影响的了解。

【实验原理】

有效积温法则是指植物、昆虫等外温动物完成某一发育阶段(发育历期,为 N)所需要的总热量(有效积温),为一常数 K,称为热常数。通常,生物发育需要的有效积温(K)为每日平均温度(T)减去发育起点温度(生物学零度,为 C)后的累加值,用公式 $K=N(T-C)$ 表示。

【实验器材和材料】

1. 实验器材

恒温培养箱、烘箱、双筒解剖镜、双目显微镜、放大镜、温度计、粗指形管、麻醉瓶、载玻片、盖玻片、毛笔、白板纸、滤纸等。

2. 实验材料

(1) 动物:野生型果蝇。

(2) 试剂:乙醚、玉米粉、糖、酵母粉、丙酸、琼脂等。

【实验步骤】

1. 配制培养基

将粗指形管和棉塞高温灭菌备用,按如下成分进行培养基配制:

100 g 培养基含:玉米粉 9 g、白糖 6 g、琼脂 0.67 g、酵母 0.7 g、丙酸 0.5 mL、水 83 mL。

将玉米粉、糖、琼脂粉和水混合在容器内,在电炉上加热,不断用玻璃棒搅拌以免煮糊。煮沸后稍放置冷却,将酵母粉和丙酸加入,用玻璃棒搅拌均匀后分装到经高温灭菌的培养瓶内,塞上棉塞,置温箱内备用。

2. 恒温培养箱的温度设定及果蝇的培养

准备 3~5 个恒温培养箱,设定每个培养箱的温度使它们形成温度梯度,如15 ℃、18 ℃、21 ℃、24 ℃、27 ℃,或 15 ℃、19 ℃、23 ℃、27 ℃、31 ℃,或 15 ℃、20 ℃、25 ℃等。向新配制培养基的瓶内转接相同对数的成蝇(3~5 对),放置在不同温度的恒温培养箱内培养,定时(每天 2 次,上、下午各 1 次)观察记录果蝇的发育进程,统计不同温度下果蝇的发育历期(N,单位:h/d),记入表 2.1 中。

表 2.1 实验结果记录表　　　　　　　　(时间单位:h/d)

生活史阶段	15 ℃	18 ℃	21 ℃	24 ℃	27 ℃
一龄幼虫初现					
二龄幼虫初现					
三龄幼虫初现					
蛹初现					
成蝇初现					

【实验结果与分析】

应用"回归直线法"或"加权法"求出果蝇发育的有效总积温,分析实验结果,得出结论。

【注意事项】

1. 培养基及培养瓶内壁上不能有凝集的水珠,否则果蝇易沾在管壁或培养基表面死亡。
2. 保持培养箱温度恒定,尽量减少因观察对培养箱温度的影响。

【知识链接】

果蝇(*Drosophila melanogaster*)是双翅目昆虫,它的生活史从受精卵开始,经过幼虫、蛹、成虫阶段,是一个完全变态的过程。果蝇体型小,在培养瓶内易于人工饲养。其繁殖力很强,在适宜的温度和营养条件下,每只受精的雌果蝇可产卵400~500个,每两个星期就可完成1个世代,因而在短期内就可以观察到实验结果。此外,由于有许多突变类型、具有多线染色体以及生活史的不同发育阶段具有的特点和基因组结构的特点等,果蝇已经成为生物学各研究领域中的模式生物。

果蝇为完全变态昆虫,其生活史包括卵、幼虫、蛹和成虫四个阶段。成熟的雌蝇在交尾后(2~3 d)将卵产在培养基的表层。用解剖针的针尖在果蝇培养瓶内沿着培养基表面挑取一点培养基置于载玻片上,滴上一滴清水,用解剖针将培养基展开后放在显微镜的低倍镜下仔细进行观察。果蝇的卵呈椭圆形,长约0.5 mm,腹面稍扁平,前端伸出的触丝可使其附着在培养基表层而不陷入深层。果蝇的受精卵经过1 d的发育即可孵化为幼虫。果蝇的幼虫从一龄幼虫开始经两次蜕皮,形成二龄和三龄幼虫,随着发育而不断长大,三龄幼虫往往爬到瓶壁上化蛹,其长度可达4~5 mm。幼虫一端稍尖为头部,黑点处为口器。幼虫可在培养基表面和瓶壁上蠕动爬行。幼虫经过4~5 d的发育开始化蛹。一般附着在瓶壁上,颜色淡黄。随着发育的继续,蛹的颜色逐渐加深,最后呈深褐色。在瓶壁上看到的几乎透明的蛹壳是羽化后遗留的蛹的空壳。刚羽化出的果蝇虫体较长，翅膀也没有完全展开，体表未完全几丁质化，所以呈半透明乳白色。随着发育，身体颜色加深，体表完全几丁质化。羽化出的果蝇在 8~12 h 后开始交配，成体果蝇在 25 ℃条件下的寿命约为 37 d。

（胡小梅）

实验三　水因子对植物形态结构的影响

【实验目的】

1. 掌握生长在不同环境下的植物叶片结构特点。
2. 理解植物器官结构特点对生长发育及植物对环境适应的意义。

【实验原理】

水分是植物生长发育的重要因子，根据植物与生长环境中水分的关系，把植物分为水生植物、中生植物和旱生植物，后两者又合称为陆生植物。水生植物据其生活型又可分为挺水植物、沉水植物和浮水植物。生长在不同环境中的植物，在演化过程中会形成一些适应环境的结构特征，其中以叶的结构变化最为显著。

【实验器材和材料】

1. 植物材料

眼子菜叶横切永久切片，睡莲叶横切永久切片，苇叶横切永久切片，夹竹桃叶横切永久切片，眼子菜茎横切永久切片，狐尾藻茎横切永久切片，芦荟叶横切永久切片等。

2. 仪器与设备

显微镜等。

【实验步骤】

一、水生植物叶的结构

1. 眼子菜(沉水植物)叶横切永久制片观察

表皮无角质膜,也没有气孔器,但表皮细胞中含有叶绿体。叶肉细胞不发达,仅由几层没有分化的细胞组成,没有栅栏组织和海绵组织的分化。在靠近主脉处,叶肉细胞形成大的气腔。叶脉的木质部导管和机械组织都不发达。

2. 睡莲(浮水植物)叶横切永久制片观察

上表皮具角质膜,并有气孔器分布,细胞中没有叶绿体;下表皮没有气孔器,细胞中有时含有叶绿体。叶肉有明显的栅栏组织和海绵组织的分化,栅栏组织在上方,细胞层数多,有4～5层细胞,含有较多的叶绿体;海绵组织在下方,形成十分发达的通气组织,其中有星状石细胞分布。在栅栏组织和海绵组织之间有小的维管束,海绵组织中的维管束较大,维管组织特别是木质部不发达;大的叶脉维管束包埋在基本组织中,在维管束和下表皮之间有机械组织分布。

3. 苇(挺水植物)叶横切永久制片观察

表皮细胞外具有较厚的角质层;在表皮中有成堆的保卫细胞形成的气孔器,上表皮气孔器少,而下表皮较多;上表皮中还有一些体积较大的细胞,常几个连在一起,中间的细胞最大,叫泡状细胞,分布在上表皮勒状突起间的凹陷处。叶肉没有栅栏组织和海绵组织的分化,细胞比较均一,细胞内均含有叶绿体。叶脉维管束外有两层维管束鞘,外层细胞较大,壁薄,含有叶绿体;内层细胞小,壁厚。维管束的上、下两侧具有厚壁细胞,一直延伸到表皮之下。

二、旱生植物叶的结构

1. 夹竹桃（硬叶植物）叶横切永久制片观察

表皮外有厚的角质膜，表皮细胞为 2～3 层细胞形成的复表皮，细胞排列紧密，细胞壁厚；下表皮有一部分细胞构成下陷的窝，窝内有表皮细胞形成的表皮毛，毛下有气孔分布。在上、下表皮之内都有栅栏组织，栅栏组织由多层细胞构成，细胞排列非常紧密，胞间隙少；海绵组织位于上、下栅栏组织之间，细胞层数较多，胞间隙不发达。在叶肉细胞中常含有簇晶。叶脉维管束发达，主脉很大，为双韧维管束。

2. 芦荟（多浆植物）叶横切永久制片观察

表皮细胞壁厚，有厚的角质层，并有气孔器分布。表皮下为几层细胞组成的同化组织，在同化组织之间是一些大而无色的薄壁细胞，为储水组织。在同化组织和储水组织之间有一轮维管束分布，其维管组织和机械组织均不发达。

三、水生植物茎的结构

1. 眼子菜茎横切永久制片观察

表皮细胞为砖形，有一薄的角质层，其内常有叶绿体。皮层细胞中亦含叶绿体，分布有发达的通气组织；有明显的内皮层，其上有凯氏带加厚。维管束中木质部退化，导致壁薄或形成一圈木薄壁细胞包围的空腔。髓薄壁细胞排列疏松。

2. 狐尾藻茎横切永久制片观察

同为沉水植物，狐尾藻与眼子菜茎的不同。狐尾藻的皮层在茎中的比例较大，表皮下有几层退化的厚角组织，厚角组织内形成一圈轮辐状的通气组织。中柱的结构与中生植物相似，有发达的木质部。

【实验结果与分析】

1. 挺水植物、沉水植物和浮水植物叶在结构上分别有哪些特点？这些特点是如何适应其所处的环境的？

2. 旱生植物叶在结构上出现哪些适应环境的特征？这些特征在植物抵御干旱环境中的作用是什么？

【探索性实验】

采集校园内的不同生态型植物，利用徒手切片的方法，对其根茎叶结构进行观察，分析其适应水生或旱生环境的结构特点。

（李　晶）

实验四 重金属胁迫对小麦幼苗叶绿素含量和 SOD 活性的影响

【实验目的】

1. 掌握生态因子对生物生理生态的影响及生物对其的适应。
2. 熟悉植物体叶绿素含量和超氧化物歧化酶活性的测定方法。
3. 了解植物体叶绿素含量和超氧化物歧化酶活性在重金属胁迫下的变化趋势。

【实验原理】

生态因子对生物的影响是多方面的,如生物的形态结构、生理生化过程、行为等,而生物并不是被动接受生态因子对其的影响,对各种生态因子也会产生相应的适应特征。重金属胁迫下植物的叶绿素含量、SOD 活性等会出现一些生理生态的变化,这些生理指标的变化可通过一定的方法进行测定。

(1) 叶绿素含量的测定

叶绿素 a、b 溶于 80% 丙酮溶液在波长 663 nm 和 645 nm 处有两个较大的吸收峰,根据该波长下叶绿素 a、b 的比吸收系数和 Lambert-Beer 定律可得出叶绿素 a、b 的浓度(μg/mL)与它们在 645 nm 和 663 nm 处的吸光度(A)之间的关系公式,从而可进一步计算出植物的叶绿素含量。

$$C_a = 12.7A_{663} - 2.69A_{645} \tag{4-1}$$

$$C_b = 22.9A_{645} - 4.68A_{663} \tag{4-2}$$

$$C_{a+b} = 20.2A_{645} + 8.02A_{663} \tag{4-3}$$

式中 C_a、C_b、C_{a+b} 分别为叶绿素 a、叶绿素 b 和叶绿素 a 及叶绿素 b 的浓度。

(2) SOD 活的测定

SOD 是含金属辅基的酶,它能催化以下反应:

$$2O_2^- + 2H^+ \longrightarrow H_2O_2 + O_2$$

由于 O_2^- 寿命短,不稳定,不易直接测定 SOD 的活性,而常采用间接的方法。目前常用的方法有 3 种,包括氯化硝基四氮唑蓝(NBT)光化还原法、邻苯三酚自氧化法、邻苯三酚自氧化-化学发光法。本实验主要用 NBT 光化还原法,其原理是:氯化硝基四氮唑蓝(NBT)在甲硫氨酸(Met)和核黄素存在的条件下,光照后发生光化还原反应而生成甲腙,甲腙在 560 nm 处有最大光吸收峰。SOD 能抑制 NBT 的光化还原,其抑制强度与酶活性在一定范围内成正比,从而可计算出其 SOD 活性。

【实验器材和材料】

1. 材料

当年健康饱满的小麦种子。

2. 器材

种子发芽盒、滤纸、剪刀、研钵、分析天平、电子天平、50 mL 容量瓶、10 mL 刻度试管、冷冻离心机、微量进样器(1 mL、0.1 mL)、玻璃棒、胶头滴管、标签纸、光照培养箱、分光光度计等。

3. 试剂

(1) 重金属溶液:配制分别含 Cd^{2+} 为 0、5 μg/mL、35 μg/mL、65 μg/mL 的溶液。

(2) 叶绿素提取液:80% 丙酮溶液。

(3) 0.05 mol/L 磷酸缓冲液 PBS(pH=7.8)。

(4) 130 mmol/L 甲硫氨酸(Met)溶液:1.9399 g Met 用 PBS 定容至

100 mL。

(5) 750 μmol/L 氯化硝基四氮唑蓝(NBT)溶液:0.06133 g NBT 用 PBS 定容至 100 mL,避光保存。

(6) 100 μmol/L EDTA－Na_2 溶液:0.03721 g EDTA－Na_2 用 PBS 定容至 1000 mL。

(7) 20 μmol/L 核黄素溶液:0.0753 g 核黄素用蒸馏水定容至 1000 mL,避光保存。

【实验步骤】

1. 小麦幼苗培养

将大小比较均匀、饱满的小麦种子用蒸馏水浸泡、吸胀后,均匀放入发芽盒中,置于光照培养箱中培养。

2. 重金属胁迫处理

在小麦长出 2 片真叶后,把幼苗分成若干处理组,分别用不同浓度的 Cd^{2+} 溶液处理,每个处理做三个重复。每两天用蒸馏水冲洗 1 次,再用相应原浓度的 Cd^{2+} 溶液培养 7 d,观察小麦生长状况并记录(形态变化、叶片颜色、株高、根长等)。

3. 叶绿素含量的测定

(1) 随机称取各处理组小麦叶片 0.1 g,分别剪碎后放入研钵中,加少许提取液研磨成糊状,用提取液分批提取叶绿素,直到残渣无色为止,将提取液过滤后定容至 10 mL。

(2) 测定:以提取液做参比,分别测定各处理组提取液在波长为 663 nm、645 nm 处的吸光度。

(3) 计算:计算叶绿素浓度,根据下式求出植物组织中叶绿素的含量:

叶绿素含量(μg/g FW)=(叶绿素的浓度×提取液体积)/样品鲜重

4. SOD 活性的测定

(1) 取实验组及对照组小麦叶片各 0.5 g,剪碎后分别放入冷冻处理过的研钵中,加预冷的 PBS 1 mL 冰浴研磨成匀浆,然后用预冷的 PBS 定容至 5 mL,混匀,取 2 mL 于离心管冷冻离心(3000 r/min)10 min,上清液即为 SOD 粗提液。

(2) 建立反应体系:取 5 mL 试管按照表 4.1 依次加入各溶液建立反应体系。

表 4.1　各溶液建立反应体系用量

试剂(酶)	用量(mL)	终浓度(比色时)
PBS	1.5	
Met	0.3	13 mmol/L
NBT	0.3	75 μmol/L
EDTA - Na$_2$	0.3	10 μmol/L
核黄素	0.3	2.0 μmol/L
提取酶液	0.05	各组 2 支以 PBS 代替酶液
蒸馏水	0.25	

混匀后,将各组中的一支对照管迅速置于暗处,其余在 4000 lx 日光下启动反应,反应进行约 20 min(要求各管受光情况一致,温度高时时间缩短,温度低时时间延长)。

(3) 反应结束后,以不照光的对照管为参比,分别测定各组反应体系液在波长 560 nm 下的吸光度。

(4) 计算:SOD 活性单位以抑制 NBT 光化还原的 50% 为一个酶活性单位表示,按下式计算 SOD 活性:

$$\text{SOD 总活性} = \frac{(A_{ck} - A_E) \times V}{\frac{1}{2} \times A_{ck} \times W \times V_t} \tag{4-4}$$

公式(4-4)中:SOD 总活性以鲜重酶单位每克表示;A_{ck} 为照光对照管吸光度;A_E 为样品管吸光度;V 为样品液体积(mL);W 为样品鲜重(g);V_t 为测定时样品用量(mL)。

【实验结果与分析】

1. 每个处理的平行测定结果用平均数±标准差表示,并用 F 检验分析不同处理组间的差异,作图展示实验结果。
2. 根据实验结果分析在重金属胁迫下植物体叶绿素含量和超氧化物歧化酶活性的变化趋势,理解生态因子对生物生理的影响及其适应。

【注意事项】

1. 叶绿素提取过程中尽量避免光照,以免叶绿素受光分解。
2. SOD 活性测定时,要避免温度过高对酶活性的影响。

【知识链接】

植物体内含有 O_2^-、H_2O_2、O_2、OH 等活性氧系统,而植物为保护自身免受活性氧的伤害,形成了抗氧化酶类和非酶类抗氧化剂等内源保护系统。抗氧化酶主要有超氧化物歧化酶(SOD)、过氧化物酶(POD)、过氧化氢酶(CAT)等;抗氧化剂则包括维生素 E、还原型谷胱甘肽(GSH)、生物碱等。在正常条件下,由于植物体活性氧的产生与清除处于动态平衡,所以植物不会积累过多活性氧,能够正常生长、发育。但当植物遭遇重金属、低温、高温、盐渍、干旱等逆境胁迫时,活性氧会在体内过量积累,从而对植物造成伤害。测定抗氧化酶活性、抗氧化剂含量在逆境条件下的变化情况,对于研究植物的逆境生理和植物抗逆适应机制具有重要意义。

(王春景)

实验五　生物的种间竞争

【实验目的】

1. 利用两种植物进行盆栽实验,观察种间竞争现象。
2. 理解资源利用性竞争的基本原理,论证高斯假说,即竞争排斥原理。
3. 培养学生的动手能力、观察能力、实验数据的分析和处理能力以及团队合作精神。

【实验原理】

种间竞争是指两种和两种以上物种在所需的环境资源或能量不足的情况下而发生的相互妨碍和排斥关系。在这种相互关系中,对竞争种的种群数量的增长和个体生长都有抑制作用。高斯假说(竞争排斥原理)指在一个稳定的环境中,两个以上受资源限制的、具相同资源利用方式的物种,不能长期共存在一起,即完全的竞争者不能共存,两个相似的物种不能占有相同的生态位。

种的竞争能力大小,取决于该种的生态习性和生态幅。就植物而言,其生长速率、叶片和根系的数目、个体大小、抗逆性、生长习性等都影响其竞争能力。如将两种植物的种子按不同比例进行播种,统计其出苗率、观察记录不同生长发育时期各种的个体死亡和存活情况、实验结束时测定其生物量等指标,经对比分析,便可得出此两个种的种间竞争能力大小。

【实验器材和材料】

1. 材料

西红柿和黄瓜种子(或茄子和辣椒种子、或大麦和燕麦种子)。

2. 器材

花盆、培植土壤、铲子、剪刀、纸袋、烘箱、天平等。

【实验步骤】

1. 种子混播比例

将西红柿和黄瓜(或茄子和辣椒、或大麦和燕麦)种子按不同比例混合播种,参考播种量见表5.1,每个处理重复3次。

表5.1 参考播种量

分组	1	2	3	4	5
种子比例	5∶5	10∶10	20∶20	30∶30	35∶35
	40∶40	50∶50	60∶60	70∶70	75∶75

2. 播种步骤

将培植土分别装到花盆里,使土面稍低于盆上缘约2 cm,按表5.1提供的参考播种量播种。要求播种均匀,不要使种子露出土面,将每个花盆贴上标签,标明组别、播种比例和播种日期。将花盆依次排列在温室内,定期浇水、交换位置。

3. 观察记录

种子萌发后,统计发芽率和幼苗成活情况。

4. 统计结果

实验结束时测量株高,称量鲜重和干重等。

【实验结果与分析】

比较分析两种植物的出苗率、各期存活率、收获时生物量(鲜重和干重)等指标的变化趋势,分析讨论二者在竞争中的优劣势及其竞争机理。

【注意事项】

1. 设计适当的播种密度

因资源利用性竞争的强度与资源量呈反比关系,在资源量一定的前提下,植株数越多,竞争效应越明显,所以播种密度应适当高于环境承载量。

2. 整个实验过程中培养条件应保持一致

环境因子对实验的影响非常复杂,实验中应严格控制实验植物的培养条件,特别是控制好光照和水分条件的一致性。尽可能地减少非设计因素的干扰,以利于实验结果的可靠性。

(王春景)

实验六 种群生命表的编制与存活曲线的绘制

【实验目的】

1. 掌握生命表的编制方法和存活曲线的绘制方法。
2. 学会分析生命表,即种群数量动态分析方法,领会生命表和存活曲线的生态学意义。
3. 了解特定年龄生命表和特定时间生命表的异同。

【实验原理】

生命表是用来描述种群存活和死亡过程的一种统计表格,记录了生物生长发育的不同年龄阶段的出生率和死亡率,以及由此计算出的种群内个体未来预期余年(生命期望年龄)等特征值。

生命表一般可以分为如下几种类型:

1. 特定年龄(动态)生命表

以一群大约同时出生的个体(同生群)为起始点,跟踪其各年龄阶段的种群动态,记录其存活和死亡个体数,直至该种群个体全部死亡为止。适用于世代周期短、世代不重叠的种群。

2. 特定时间(静态)生命表

根据某一特定时间对种群作一个年龄结构调查,并根据调查资料而编制的生命表。适用于世代重叠且稳定的种群。

3. 综合生命表

若在生命表中加入 m_x 栏,用来描述各年龄的出生率,即构成综合生命表。

总之,生命表是描述种群死亡过程及存活情况的一种有用工具,它包括各年龄组的实际死亡数、死亡率、存活数及平均期望年龄值等。

生命表各特征值及其定义如下:

$x=$ 年龄分段;

$n_x=$ 在 x 期开始时的存活个体数;

$l_x=x$ 期开始时的存活个体所占比率 $=n_x/n_0$;

$d_x=$ 从 x 到 $x+1$ 期的死亡个体数 $=n_x-n_{x+1}$;

$q_x=$ 从 x 到 $x+1$ 期的死亡率 $=d_x/n_x$;

$e_x=x$ 期开始时的平均生命期望或平均余年 $=T_x/n_x$;

$L_x=(n_x+n_{x+1})/2$;

$T_x=L_x+L_{x+1}+\cdots+L_{\max}$。

种群存活曲线是根据生命表的数据,以 $\lg n_x$ 栏对 x 栏作图而绘制的图形,有 3 种基本类型,可以直观地描述种群的时间动态,即种群的存活过程。

【实验器材和材料】

骰子、烧杯、记录纸、绘图纸、笔等。

【实验步骤】

1. 根据模拟资料编制生命表

(1) 以骰子数量代表所观察的一组大约同时出生的动物个体(一个同生群),通过掷骰子游戏来模拟该同生群动物的死亡和存活过程,每只骰子代表一个动物。

(2) 每个实验组 30 个骰子,所以开始时动物数量为 30,年龄记为 0。

(3) 掷骰子:将骰子置于烧杯中充分混匀,一次全部掷出,观察骰子的点数,设定规则为1、4、5、6代表存活个体,2、3代表死亡个体,投掷一次骰子代表1年。将投掷次数作为年龄记在表6.1的"年龄 x"一栏中,将显示1、4、5、6点的骰子数作为存活个体数记在"存活个体数 n_x"一栏中。

(4) 将"死亡个体"去除,"存活个体"放回烧杯中继续重复以上步骤,直到所有动物个体全部"死亡"。

(5) 计算表6.1中其他各项的数据,完成此生命表的编制。

(6) 根据所编制的生命表的数据,以 $\lg n_x$ 栏对 x 栏作图绘制该种群的存活曲线。

表6.1 特定年龄生命表

年龄 x	存活个体数 n_x	存活率 l_x	死亡数 d_x	死亡率 q_x	L_x	T_x	生命期望 e_x
0	30	1.000					
1							
2							
3							
…							
n							

2. 根据已有调查资料编制生命表

表6.2所示为某地区人口年龄结构调查数据,根据此资料编制生命表,并以 $\lg n_x$ 栏对 x 栏作图绘制其存活曲线。

表 6.2 某地区人口统计数据生命表

x	n_x(男)	d_x	q_x	L_x	T_x	e_x	x	n_x(女)	d_x	q_x	L_x	T_x	e_x
0	10 000						0	10 000					
1	97 658						1	97 887					
5	96 126						5	96 256					
10	95 632						10	95 938					
15	95 329						15	95 679					
20	94 722						20	95 227					
25	93 758						25	94 621					
30	92 689						30	93 980					
35	91 516						35	93 098					
40	89 953						40	92 002					
45	87 769						45	90 409					
50	84 581						50	88 422					
55	80 133						55	85 441					
60	73 346						60	81 107					
65	63 309						65	73 989					
70	50 046						70	63 808					
75	34 937						75	49 846					
80	20 167						80	33 486					
85	8 563						85	17 706					

【实验结果与分析】

1. 根据生命表的数据和存活曲线的变化特征分析该种群的存活和死亡情况。

2. 若修改掷骰子的规则,使种群的出生率和死亡率发生改变,种群存活曲线和增长率会发生怎样的变化?

3. 分析动态生命表和静态生命表的异同。

(王春景)

实验七　污染物对酵母细胞色素 C 的影响

【实验目的】

1. 熟悉细胞色素 C 测定的方法。
2. 了解污染物对生物体内细胞色素 C 的影响。

【实验原理】

　　细胞色素是一类含有铁卟啉基团的电子传递蛋白,只存在于需氧细胞中。细胞色素 C(cytochrome C,cyct C)是细胞色素的一种,它在线粒体呼吸链上位于细胞色素 B 和细胞色素氧化酶之间,是呼吸链的一个重要组成部分。自然界中,细胞色素 C 的含量与组织的活动强度成正比。

　　细胞色素 C 分为氧化型和还原型,氧化型的最大吸收峰在 408 nm 和 530 nm 波长处,还原型的最大吸收峰在 415 nm、520 nm 和 550 nm 波长处,因此为了便于测定,在测定氧化型和还原型混合细胞色素 C 时,要加入连二亚硫酸钠($Na_2S_2O_4$)作为还原剂,使所有细胞色素 C 均转化成还原型,测定波长选择 520 nm。

　　细胞色素 C 在酵母菌中含量较高,常以此材料进行细胞色素 C 的制备和测定。

【实验器材和材料】

1. 材料

啤酒酵母细胞。

2. 器材

分光光度计、小烧杯、玻璃棒、三角烧瓶、棉塞、恒温摇床、高速冷冻离心机、刻度试管(10 mL,带盖)、离心管(5 mL)、微量进样器、枪头(灭菌)、精密 pH 试纸(5.5~9.0)等。

3. 试剂

(1) 细胞色素 C 针剂(标准品)。

(2) 0.2 mol/L 磷酸缓冲液(pH=7.3)、$Na_2S_2O_4$、0.145 mol/L 三氯乙酸溶液、1 mol/L 氢氧化钠溶液。

(3) 马铃薯葡萄糖培养液。

【实验步骤】

1. 细胞色素 C 标准曲线的制作

取 1 mL 细胞色素 C 标准品(7.5 mg/mL)用 0.2 mol/L 磷酸缓冲液稀释至 10 mL,分别吸取 0.2 mL、0.4 mL、0.6 mL、0.8 mL、1.0 mL 置于试管中,用缓冲液定容至 5 mL,每管加入微量(十几粒)$Na_2S_2O_4$ 使所有细胞色素 C 都转变为还原型,振摇后于 520 nm 波长下测定吸光度。

以 5 mL 0.2 mol/L 磷酸缓冲液加入少许 $Na_2S_2O_4$ 为空白对照。以标准品的浓度为横坐标,以吸光值为纵坐标绘制标准曲线。

2. 样品的制备

取啤酒酵母菌种接种于马铃薯葡萄糖培养液中,加入一定量的污染物在 30 ℃摇床中振荡培养过夜(约 12 h)。另培养一不添加污染物的酵母菌为对照。分别移取培养的酵母菌 1.5 mL 于离心管中,离心(4 ℃,5000 r/min)

10 min,弃去上清液;加入磷酸缓冲液 0.5 mL,悬浮后加入 0.5 mL 0.145 mol/L 三氯乙酸溶液,振荡提取 10 min,然后再用 1 mol/L 氢氧化钠溶液调 pH 值至 6.0,离心(4 ℃,10000 r/min)10 min,上清液即为酵母菌的细胞色素 C 待测液。每个样品做三个平行样。

3. 测定

取待测液 1 mL,加磷酸缓冲液稀释至 5 mL,再加微量 $Na_2S_2O_4$,摇匀后,在 520 nm 波长下测定吸光度,由标准曲线计算其浓度。

【实验结果与分析】

1. 说明污染物对酵母菌细胞色素 C 的影响。以什么溶液为空白对照更合理?为什么?

2. 该样品的细胞色素 C 含量是多少?影响细胞色素 C 变化的主要因素是什么?

3. 加入少许 $Na_2S_2O_4$ 和三氯乙酸的意义是什么?

【注意事项】

1. 在提取过程中所有操作都要求在低温下进行,动作要准确迅速。

2. 三氯乙酸是蛋白质变性剂,使用时要小心不要粘到皮肤上,若不小心沾上,迅速用自来水冲洗。

(胡小梅)

实验八 生态学数量方法及软件应用
——利用 SPSS 进行生态实验数据的方差分析

【实验目的】

1. 帮助学生深入了解方差及方差分析的基本概念,掌握方差分析的基本思想和原理。
2. 掌握方差分析的过程。
3. 增强学生的实践能力,使学生能够利用 SPSS 统计软件,熟练进行单因素方差分析,激发学生的学习兴趣,增强自我学习和研究的能力。

【实验原理】

在现实的生产和经营管理过程中,影响产品质量、数量或销量的因素往往很多。例如,农作物的产量受作物的品种、施肥的多少及种类等的影响;某种商品的销量受商品价格、质量、广告等的影响。为此引入方差分析的方法。

方差分析也是一种假设检验,它是对全部样本观测值的变动进行分解,将某种控制因素下各组样本观测值之间可能存在的由该因素导致的系统性误差与随机误差加以比较,据以推断各组样本之间是否存在显著差异。若存在显著差异,则说明该因素对各总体的影响是显著的。

方差分析有 3 个基本概念:观测变量、因素和水平。观测变量是进行方差分析所研究的对象;因素是影响观测变量变化的客观或人为条件;因素的不同类别或不同取值则称为因素的不同水平。在上面的例子中,农作物的产量和商品的销量就是观测变量,作物的品种、施肥种类、商品价格、广告等就是因素。在方差分析中,因素常常是某一个或多个离散型的分类变量。

根据观测变量的个数,可将方差分析分为单变量方差分析和多变量方差分析;根据因素个数,可分为单因素方差分析和多因素方差分析。在 SPSS 中,有 One-way ANOVA(单变量单因素方差分析)、GLM Univariate(单变量多因素方差分析)、GLM Multivariate(多变量多因素方差分析),不同的方差分析方法适用于不同的实际情况。本实验主要练习最常用的单变量单因素方差分析。

单因素方差分析也称一维方差分析,对两组以上的均值加以比较。检验由单一因素影响的一个分析变量的因素各水平分组的均值之间的差异是否有统计意义,并可以进行两两组间均值的比较,称作组间均值的多重比较,主要采用 One-way ANOVA 过程。

采用 One-way ANOVA 过程要求:因变量属于正态分布总体,若因变量的分布明显是非正态的,应该用非参数分析过程。若对被观测对象的试验不是随机分组的,而是进行的重复测量形成几个彼此不独立的变量,应该用 Repeated Measure 菜单项,进行重复测量方差分析,条件满足时,还可以进行趋势分析。

【实验器材和材料】

电脑、SPSS 软件。

【实验步骤】

1. 录入以下数据并对数据进行分析

不同施肥量(T_1,T_2)下的作物产量:

T_1,0:20,22,18,24;

T_2,100:50,60,55,58。

基本操作步骤：

(1) 建立数据文件：单击 Windows 的"开始"按钮，在"程序"菜单项"SPSS for windows"中单击"SPSS13110 for windows"启动 SPSS。执行 File →New →Data 命令新建数据文件，出现数据编辑窗口。在输入实验数据之前先要定义变量，定义方法如下：单击数据编辑窗口左下方的"Variable View"标签或双击列的题头"Var"，出现变量定义窗口，定义变量，录入数据，保存数据文件。

(2) 单击 Analyze=>Compare means=> One-way ANOVA=>对结果进行解释。

2. 运用软件根据以下要求完成数据分析

某学者进行试验，设置了"Control"、"A"、"U"、"N"、"AU"、"AN"、"UN"、"AUN"八个试验处理，每个处理设置3个重复试验小区，研究了在这八个试验处理下种植了一个月的黑麦草的地上部分生物量(见表 8.1，单位：g/m^2)。

表 8.1　某试验田黑麦草实验数据

	Control	A	U	N	AU	AN	UN	AUN
1	4.0	1.5	2	2.6	3.0	3.3	3.6	2.3
2	4.3	1.3	2.2	2.5	2.5	3.4	2.0	2.0
3	3.9	1.2	2.4	2.3	2.6	3.2	3.5	2.0

基本操作步骤：

(1) 建立数据文件。

(2) 单击 Analyze=>Compare means=> One-way ANOVA=>Post Hoc=>LSD=>对结果进行解释。

【实验结果与分析】

采用单因素方差分析判断不同施肥量下的产量和不同试验处理下的植被净第一生产力(NPP)是否存在显著差异,并用相同或不同字母表示处理间的差异显著性。

(刘高峰)

实验九 水体富营养化程度的评价

【实验目的】

1. 掌握水体总磷和硝氮测定的方法。
2. 熟悉氮、磷等对水质的影响及测定意义。

【实验原理】

1. 磷的测定

水中的含磷化合物,在过硫酸钾的作用下,转变为正磷酸盐。正磷酸盐在酸性介质中,可同钼酸铵和酒石酸氧锑钾反应,生成磷钼杂多酸。磷钼酸能被抗坏血酸还原,生成深色的磷钼蓝。在 700 nm 波长下,测定样品的吸光度。从用同样方法处理的校准曲线上,查出水样含磷量,计算总磷浓度,用(P,mg/L)表示。本法最低检出浓度为 0.01 mg/L。

2. 硝氮的测定

利用硝酸根离子在 220 nm 波长处的吸收而定量测定硝酸盐氮。溶解的有机物在 220 nm 处也会有吸收,而硝酸根离子在 275 nm 处没有吸收。因此,在 275 nm 处作为另一次测量以校正硝酸盐氮值。

【实验器材和材料】

1. 器材

(1) 紫外可见分光光度计、石英、玻璃比色皿。

(2) 100 mL 硬质消解瓶或其他具塞容器、容量瓶、移液枪、移液管、烧杯等。

(3) 高压蒸气灭菌锅。

2. 试剂

(1) 过硫酸钾溶液：称取过硫酸钾（$K_2S_2O_8$）4 g 溶于水中，加水到 100 mL。

(2) 硫酸溶液：在 1 份水中加入 2 份浓硫酸（体积比），混匀配成。

(3) 钼酸铵-酒石酸氧锑钾溶液：称取钼酸铵[$(NH_4)_6Mo_7O_{24} \cdot 4H_2O$] 6 g 和酒石酸氧锑钾[$K(SbO)C_4H_4O_6 \cdot 0.5 H_2O$] 0.24 g，溶于 300 mL 水中，慢慢加入 120 mL 硫酸溶液，摇匀。然后加水到 500 mL，再次进行混合后，装入聚乙烯瓶内保存。

(4) 抗坏血酸溶液：称取抗坏血酸 7.2 g，溶于 100 mL 水中。该溶液在 4 ℃下可以稳定保存一周。

(5) 钼-锑-抗溶液：将上述钼酸铵-酒石酸氧锑钾溶液和抗坏血酸溶液按 5:1 的比例（体积比），混合摇匀。此溶液可稳定 4 h 左右，最好使用前配制。

(6) 磷标准贮备液：称取 0.4394 g 经 105~110 ℃ 干燥的磷酸二氢钾，用水溶解后，加入 1 mL H_2SO_4 溶液，再用水稀释至 1000 mL，此溶液为 100 $\mu g/mL$ 的磷贮备液。

(7) 磷标准溶液：吸取 100 $\mu g/mL$ 的磷标准贮备液 10 mL，于 200 mL 容量瓶中定容。此溶液含磷量为 5.0 $\mu g/mL$。

(8) 1 M HCl。

(9) 硝酸盐标准贮备溶液：称取 0.7218 g 经 110 ℃ 干燥过的优级纯硝酸钾溶于水中，移入 1000 mL 容量瓶中，稀释至标线。此溶液每毫升含 0.1 mg/mL 硝态氮。

(10) 硝酸盐标准使用溶液：移取 10 mL 硝酸盐标准贮备液于 100 mL 容量瓶中，用水稀释至标线。此溶液每毫升含 0.01 mg/mL 硝态。

【实验步骤】

1. 磷的测定

(1) 样品预处理

① 取样前,将水样摇匀。取适量水样(含磷量不超过 0.06 mg)于消解瓶中,加水到 50 mL。

② 加入过硫酸钾溶液 10 mL,摇匀并密封。

③ 将消解瓶放入高压锅内,于 120 ℃ 和 10.78 N/cm^2 的压力下,加热消解 30 min。消解后冷却,取出消解瓶,静置澄清准备测定。(注:如加硫酸保存水样,需先将试样调至中性再消解。)

(2) 校准曲线的绘制

① 分别吸取磷标准溶液 0 mL、0.50 mL、1.00 mL、1.50 mL、2.00 mL、2.50 mL、5.00 mL、7.50 mL、10.0 mL,装入 100 mL 消解瓶中,各瓶溶液含磷量分别为 0 mL、2.5 μg、5.0 μg、7.5 μg、10.0 μg、12.5 μg、25.0 μg、37.5 μg 和 50.0 μg。然后,按步骤(1)中的②和③的处理方法,进行消解处理。

② 移取处理后样品的上清液 25 mL 于试管内,加入 2 mL 钼-锑-抗溶液,摇匀。将试管在 25~40 ℃ 温度下放置 15 min,进行显色。然后,用光程为 1 cm 或 5 cm 的吸收池,在 700 nm 处测定吸光度,以空白作参比。

③ 绘制含磷量和吸光度关系的校准曲线。

(3) 水样的测定

将经步骤(1)处理后的水样,按步骤(2)中②的方法进行显色,测定水样吸光度,并从校准曲线上查出含磷量。

(4) 计算

$$总磷(P, mg/L) = m/V$$

式中:m 为从校准曲线上查出的水样含磷量(μg);V 为加入消解瓶中的水样体积(mL)。

2. 硝氮的测定

(1) 标准曲线的绘制

① 吸取 0 mL、2 mL、8 mL、16 mL 硝酸盐标准使用液于 25 mL 比色管中,加水至标线,加入 0.5 mL 1 M HCl,混匀。放置 10 min,在波长 220 nm 和 275 nm 处测定溶液的吸光值,以无氨水做参比。

② 绘制标准曲线。

(2) 水样的测定

① 取 10 mL 水样于 25 mL 比色管中,稀释至标线,加入 0.5 mL 1 M HCl,混匀。

② 放置 10 min 后,以无氨水作为对照,测量吸光度。

③ 计算水体中硝态氮的浓度。

(3) 结果计算

由水样测得的吸光度减去空白试验的吸光度后,根据标准曲线计算水中 NO_3^- 含量:

$$硝氮(\mu g/mL) = (a + bx) * V_2/V_1$$

式中:a、b 为标准曲线系数;x 为 N 的吸光度;V_1 为取样体积(mL);V_2 为稀释最终体积(mL)。

【实验结果与分析】

根据计算结果分析所采水样的总磷和硝氮指标对该环境中水生生物的影响。

【注意事项】

1. 水样中如含 0.1 mg/L 以上的砷酸盐,或含 1 mg/L 以上的六价铬和亚硝酸盐时,对本法有干扰。前者使结果偏高,后者使结果偏低。

2. 水样含磷量较高时,可改用 0.5 cm 光程的吸收池,标准溶液浓度亦应相应提高。若进行稀释处理时,应注意稀释水中不应含有磷。

3. 洗涤仪器时不能用含磷洗衣粉或洗涤剂。

4. NO_3^- 在波长为 220 nm 时有最大吸收峰。利用吸光光度法测定水体中的硝态氮时必须使用石英比色杯。比色杯使用多次后可能有物质积累不能刷洗干净，此时可以先测定不同比色杯之间的差异来校准。

【知识链接】

富营养化(eutrophication)是指在人类活动的影响下，生物所需的氮、磷等营养物质大量进入湖泊、河口、海湾等缓流水体，引起藻类及其他浮游生物迅速繁殖，水体溶解氧量下降，水质恶化，鱼类及其他生物大量死亡的现象。水体富营养化后，即使切断外界营养物质的来源，也很难自净和恢复到正常水平。

许多参数可作为水体富营养化的指标，常用的是总磷、总氮、叶绿素 a 含量和初级生产率等。本实验通过测定天然水体中的总磷，来判断水体的富营养化程度。

表 9.1　总磷与水体富营养化程度的关系

富营养化程度	极贫	贫—中	中	中—富	富
总磷(mg/L)	<0.005	0.005～0.010	0.010～0.030	0.030～0.100	>0.100

（刘高峰）

实验十　生物遗传多样性的测定

【目的和意义】

1. 掌握聚丙烯酰胺凝胶电泳技术。
2. 利用等位酶技术检测不同环境下的植物种群遗传多样性和遗传分化的程度。

【实验原理】

聚丙烯酰胺凝胶由丙烯酰胺(Arc)单体和交联剂甲叉双丙烯酰胺(Bis)在催化剂作用下聚合而成,具有三维网状结构,其网孔大小可由凝胶浓度和交联度加以调节。凝胶电泳兼有电荷效应和分子筛效应。被分离物质由于所载电荷数量、分子大小和形状的差异,因此在电泳时产生不同的泳动速度而相互分离。利用特异性的颜色反应使待测酶着色,这样就可以在凝胶中展现出酶谱。

过氧化物酶是植物体内常见的氧化酶。植物体内许多生理代谢过程常与它的活性有关。利用过氧化物酶能催化 H_2O_2 把联苯胺氧化成蓝色或棕褐色产物的原理,将经过电泳后的凝胶置于有 H_2O_2 及联苯胺的溶液染色,出现蓝色或棕褐色的部位即为过氧化物酶在凝胶中存在的位置,多条有色带即构成过氧化物酶谱。

1. 酶谱的判读

本实验中都为共显性等位基因,即具有不同特征的等位基因都能在杂合子表现型中得以表达。假设某基因位点具有两个共显性等位基因 a_1 和

a_2，那么它有 3 种可能的个体 a_1a_1、a_1a_2 和 a_2a_2。设等位基因 a_1 编码的多肽链记为 A_1，等位基因 a_2 编码的多肽链记为 A_2，则在纯合子中只有一种分子（A_1A_1 或 A_2A_2）。酶是由一个（单聚体）或几个（二聚体或多聚体）相同的链组成，电泳后在电泳图上将表现为一条带，其位置因分子性质而异。在杂合子中有两种多肽链（A_1 和 A_2），结果为：

（1）若酶是单聚体，则杂合子表现为两条链，一条链与纯合子 A_1A_1 的迁移率相同，另一条与纯合子 A_2A_2 的相同。过氧化物酶就是这类。

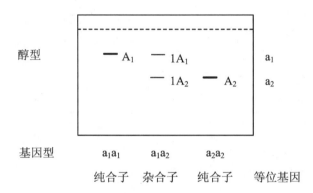

图 10.1　单体醇在一个具有两个等位基因的二倍体植物种群中的带型模式图醇型符号前面的数字代表浓度比

（2）若酶是二聚体，则由杂合子产生的两条多肽链随机组合将产生 3 种分子：两种同聚体（A_1A_1 和 A_2A_2）和一种异聚体（A_1A_2），这时杂合子的产物电泳后将显示 3 条明显的谱带，中间一条常常比两端的谱带染色深。

（3）若酶由三个及以上亚基组成，其酶型相对较复杂，在此不再讲述。

酶谱判读正确后，就可以得到各等位基因频率和基因型频率，即可进行遗传多样性（genetic diversity）的分析。

常用的表示种群内变异水平或等位基因丰富度的指标有多态位点百分数（proportion of polymorphic loci，P）、平均每个位点的等位基因数（mean number of allele per locus，A）、平均每个位点的等位基因的有效数目（mean effective number of allele per locus，A_e）、平均每个位点的期望杂合度（mean expected heterozygosity per locus，H_e，又称基因多样性指数或遗传多样性指数）、平均每个位点的实际杂合度（mean observed heterozygosity per locus，H_o）。

表示种群间遗传分化的指标主要有基因分化系数(coefficient of gene differentiation, G_{ST})、遗传一致度(genetic identity, I)和遗传距离(genetic distance, D)。

2. 参数计算

各参数的计算公式如下:

$$P = \frac{k}{n} \times 100\%, \quad A = \frac{\sum_{i=1}^{n} A_i}{n}, \quad A_e = \frac{\sum_{i=1}^{n}\left[\frac{1}{\sum_{j=1}^{m} q_j^2}\right]}{n}$$

$$H_e = \frac{\sum_{i=1}^{n}\left(1-\sum_{j=1}^{m_i} q_{ij}^2\right)}{n}, \quad H_o = \frac{\sum_{i=1}^{n}\left(1-\sum_{j=1}^{m_i} Q_{ij}^2\right)}{n}$$

$$G_{ST} = \frac{(1-\sum_{j=1}^{l} r_j^2) - \frac{\sum_{i=1}^{n} H_{ei}}{n}}{1-\sum_{j=1}^{l} r_j^2}, \quad I = \frac{\sum_k \sum_i X_i Y_i}{\sqrt{\sum_k \sum_i X_i^2 \times \sum_k \sum_i Y_i^2}}$$

$$D = -\ln I$$

式中:k 为多态酶位点的数目;n 为所测定酶位点的总数;A_i 为第 i 个位点上的等位基因数;q_j 为第 j 个等位基因的频率;m 为所测定的等位基因的总数;q_{ij} 为第 i 个位点上第 j 个等位基因的频率;m_i 为第 i 个位点上测得的等位基因总数;Q_{ij} 为第 j 个等位基因纯合基因型的观测频率;M_i 为第 i 个位点上检测到的纯合基因型的种类数;H_{ei} 为第 i 个种群在某一特定位点上的预期杂合度;l 为该位点的等位基因数;r_j 为该位点上第 j 个等位基因在总种群中的平均频率;X_i,Y_i 为分别表示在种群 X 和 Y 中位点 k 第 i 个等位基因的频率。

【实验器材和材料】

1. 器材

垂直板凝胶电泳槽、直流稳压或稳流电源(电泳仪)、注射器(20 mL、5 mL)、进样器(100 μL)、离心机、染色盒(20 cm×12 cm)、研钵、剪刀、镊子、滴管、烧杯、量筒。

2. 试剂

(1) 1～9号凝胶贮液(见表10.1)。

表10.1　1～9号凝胶储液的组成

	贮液	100 mL 贮液中的含量	工作液混合比例	pH
分离胶	1	1 mol/L HCl 48.0 mL Tris 36.6 g	1份	8.9
	2	Arc 28.0 g Bis 0.74 g	2份	
	3	$K_2S_2O_8$ 0.56 g	1份	
	4	水	4份	
浓缩液	5	1 mol/L HCl 48.0 mL Tris 5.98 g	1份	6.7
	6	Arc 10.0 g Bis 2.5 g	2份	
	3	$K_2S_2O_8$ 0.56 g	1份	
	7	蔗糖 40.0 g	4份	
电极缓冲液	8	Tris 0.60 g 甘氨酸 2.88 g	1份	8.3
	9	水	9份	

注：1. 贮液1、2、5、6和8分别为分离胶缓冲液、分离胶、浓缩胶缓冲液、浓缩胶和电极液的浓缩液。

2. Tris:三羟基氨基甲烷;Arc:丙烯酰胺;Bis:甲叉双丙烯酰胺。

3. 注胶前每毫升分离胶工作液加 $0.6×10^{-3}$ mL TEMED(四甲基乙二胺);每毫升浓缩胶工作液加 $1.5×10^{-3}$ mL TEMED(四甲基乙二胺)。

贮液于冰箱中保存,过硫酸钾可用1周,其他贮液可贮存3个月以上。

(2) 提取缓冲液(简单磷酸提取缓冲液):在25 mL磷酸缓冲液或Tris-HCl缓冲液(pH=7.5,0.05～0.1 mol/L)中加入1.25 g蔗糖,研磨前加入0.025 mL β-巯基乙醇(0.014 mol/L)和4%～12%(W/V)的聚乙烯基吡咯烷酮(PVP)。

(3) 过氧化物酶显色液:将5 mL联苯胺母液(2 g联苯胺,18 mL冰乙酸,加热至沸腾,再加入72 mL水)加水稀释至50 mL,临用前加入1%的

H_2O_2 1 mL。

3. 材料

选择生长在多个不同生境中的同种植物(如早熟禾)种群,随机采取30个左右个体的叶片,迅速带回实验室。实验中分为若干组,组与组之间配合完成几个种群的实验。

【实验步骤】

1. 电泳槽的安装

按照电泳槽安装说明安装玻璃板,为防止漏胶,胶室底部可用1.5%琼脂糖密封。

2. 凝胶的制备

(1) 按照表10.1的比例先将1号贮液、2号贮液和水混合于烧杯中,然后加入催化剂过硫酸钾及四甲基乙二胺(TEMED),混匀,立即将凝胶液沿内侧玻璃板的内壁缓缓地注入已准备好的胶室中。胶液加到离玻璃板顶部约两2 cm处,立即用装有6号针头的注射器注水使胶的表面覆盖3～5 mm水层,静置20～30 min,胶和水层之间出现清晰的界面,表示胶聚合完成。

(2) 浓缩胶:按照表10.1的比例将凝胶贮液5号、6号和7号混合,加入过硫酸钾及TEMED,同时将分离胶上水层吸出,立即将浓缩胶混合液注入上述制备好的分离胶上,胶液加到接近胶室的顶部时插入梳子,静置聚合。2～3 h后聚合完成,小心地取出梳子,向样品槽中加入电极液备用。

3. 样品的制备和加样

(1) 取约0.2 g样品,剪碎后放入预冷的研钵内,在冰浴中研成匀浆,研磨过程中加入约1 mL提取缓冲液。

(2) 匀浆液在4 ℃,5000 r下离心10 min,上清液待用。

(3) 用进样器在每孔的胶面上加入上清液10 μL,再加入少量1%的溴酚蓝指示液,用电极缓冲液小心地将每孔充满。

4. 电泳和脱胶

(1) 向电泳槽内注入电极缓冲液。

（2）连接好导线，将上槽接到电泳仪的负极，下槽接正极。接通电源，电泳开始后电流控制在 30 mA 左右，样品进入分离胶后可加大电流到 60 mA，这时电压一般在 100 V 左右，此后，维持电流不变。

（3）当指示剂到达离凝胶底部 1.5 cm 时可停止电泳，电泳约需 2 h。关闭电源，吸出电极缓冲液，取出胶框和玻璃板。

（4）5 mL 注射器灌满水，配上 6 号长针头，将针头插入胶与板壁之间，一边注水一边将针头向前推进，直至把凝胶与玻璃板分离。将胶平放入染色盒中。

5. 染色

过氧化物酶染色：量取 5 mL 联苯胺母液倒入烧杯中加水至 50 mL，加入 1% 的 H_2O_2 1 mL，将配好的染色液倒入染色盒内，室温下反应，约数秒钟即可观察到棕红色的过氧化物条带。待条带清晰时，弃去染色液，用蒸馏水冲洗，观察，记录酶谱。

【实验结果与分析】

根据酶谱分析判断该物种不同生境的遗传多样性。

【注意事项】

1. 凝胶配制过程要迅速，TEMED 要在注胶前再加入，否则凝结无法注胶；注胶过程最好一次性完成，避免产生气泡。
2. 凝胶聚合好的标志是胶与水层之间形成清晰的界面。
3. 样品梳需一次平稳插入，梳口处不得有气泡，梳底需水平。
4. 要使样品孔内的气泡全部排出，否则会影响加样效果。
5. 为避免边缘效应，最好选用中部的孔加样。
6. 剥胶时要小心，保持胶完好无损；条带清晰后迅速弃去染色液并冲洗。

【知识链接】

等位酶(allozyme)指同一基因位点的不同等位基因所编码的一种酶的不同形式。同源染色体上不同的等位基因是一段不同核苷酸序列的 DNA 链,通过转录和翻译编码具有不同构象和大小的蛋白质亚基。不同的蛋白质亚基由于在电场中带电量和半径不同,迁移率也不同,在酶谱有不同的迁移距离,因此可分辨出不同类型的亚基。反之,根据酶谱上分离出来的各亚基的迁移距离相等或不等,就可以确定该个体在该位点上是纯合体还是杂合体。等位酶作为一种稳定的基因组标记,它所揭示的酶蛋白质的多态性可以看作是对整个基因组的随机取样,从而对种群的遗传学结构做出估计,测量种群的遗传多样性以及各种群间的遗传距离。

等位酶技术是利用电泳技术将酶蛋白的不同变异体分离,并推断控制该酶的基因型。酶电泳的方法主要有四种:淀粉凝胶电泳(SGE,包括水平的和垂直的)、聚丙烯酰胺凝胶电泳(PAGE)、醋酸纤维素凝胶电泳(GAGE)和琼脂糖凝胶电泳(AGE)。琼脂糖凝胶的孔径较大,对蛋白质不起分子筛的作用,适用于较大分子的核酶电泳,而淀粉凝胶和聚丙烯酰胺凝胶的孔径比较适合于分离蛋白质和小分子核酸,其中分辨率较高的是聚丙烯酰胺凝胶电泳。

(李　晶)

第二部分

生态学习题及参考答案

第一章 绪 论

一、名词解释

1. 生态学;2. 生物圈;3. 尺度

二、填空题

1. 生态学是研究（　　）及（　　）相互关系的科学。
2. 普通生态学通常包括（　　）、（　　）、（　　）和（　　）四个研究层次。
3. 理论生态学按照生物类别可分为（　　）生态学、（　　）生态学、（　　）生态学、人类生态学等。
4. 生态学的研究方法可分（　　）、（　　）和（　　）3 类。
5. 生态学的定义是由（　　）于 1866 年提出来的。

三、选择题

1. 最早给出"生态学"定义的是（　　）。
   A. Odum　　　B. Haeckel　　　C. Clements　　　D. Tansley
2. 著有《生态学基础》一书并因此获得"泰勒"奖,被誉为"现代生态学之父"的是下列哪位生态学家？（　　）
   A. Odum　　　B. Haeckel　　　C. Clements　　　D. Tansley
3. 下列表述正确的是（　　）。

A. 生态学是研究生物形态的一门科学

B. 生态学是研究人与环境相互关系的一门科学

C. 生态学是研究生物与其周围环境之间相互关系的一门科学

D. 生态学是研究自然环境因素相互关系的一门科学

4. 根据研究方法,一般可把生态学分为野外生态学、理论生态学和( )。

    A. 实验生态学   B. 种群生态学

    C. 行为生态学   D. 草原生态学

四、问答题

1. 什么是生态学?其研究对象和范围主要有哪些?
2. 简述生态学的分支学科。
3. 生态学研究的方法主要有哪些?

参 考 答 案

一、名词解释

1. 生态学

生态学是研究生物及环境间相互关系的科学。

2. 生物圈

生物圈是指地球上的全部生物和一切适合于生物栖息的场所,它包括岩石圈的上层、全部水圈和大气圈的下层。

3. 尺度

尺度是指生态现象或生态过程在空间和时间上所涉及的范围和发生的频率。

二、填空题

1. 有机体　　周围环境
2. 个体　　种群　　群落　　生态系统
3. 植物　　动物　　微生物
4. 野外　　实验　　理论
5. Haeckel

三、选择题

1	2	3	4
B	A	C	A

四、问答题

1. 答：生态学是研究生物与其周围环境之间相互关系的一门科学。由于生物是呈等级组织存在的，因此，从生物大分子、基因、细胞、个体、种群、群落、生态系统、景观直到生物圈都是生态学研究的对象和范围。

2. 答：根据研究对象的组织层次分类：分子生态学、个体生态学、种群生态学、群落生态学、生态系统生态学、景观生态学与全球生态学等；根据生物类群分类：植物生态学、动物生态学、微生物生态学等；根据生境类型分类：陆地生态学、海洋生态学、森林生态学、草原生态学、沙漠生态学等；根据交叉学科分类：数学生态学、化学生态学、物理生态学等；根据应用领域分类：农业生态学、自然资源生态学、城市生态学、污染生态学等。

3. 答：生态学研究方法包括野外调查研究、实验室研究以及系统分析和模型三种类型。

野外调查研究是指在自然界原生境对生物与环境关系的考察研究，包括野外考察、定位观测和原地实验等方法。实验室研究是在模拟自然生态系统的受控生态实验系统中研究单项或多项因子相互作用,及其对种群或群落影响的方法技术。系统分析和模型是指对野外调查研究或受控生态实验的大量资料和数据进行综合归纳分析,表达各种变量之间存在的种种相互关系,反映客观生态规律性,模拟自然生态系统的方法技术。

(李 晶)

第二章 个体生态学

一、名词解释

1. 环境；2. 生态因子；3. 生境；4. 利比希最小因子定律；5. 限制因子；6. 耐受性定律；7. 生态幅；8. 内温动物；9. 外温动物；10. 春化；11. 发育阈温度；12. 贝格曼规律；13. 阿伦规律；14. 光周期现象；15. 冷害；16. 冻害；17. 生物学零度；18. 有效积温；19. 黄化现象；20. 土壤质地；21. 土壤结构；22. 湿生植物；23. 中生植物；24. 旱生植物；25. 腐殖质

二、填空题

1. 生态因子指的是（　　）的因子。

2. 所有生态因子构成生物的（　　）。

3. 具体的生物个体和群体生活地段上的生态环境称为（　　）。

4. 根据生态因子的性质可将其分为（　　）、（　　）、（　　）、（　　）和（　　）。

5. 根据生态因子作用强度与种群密度的关系，可将其分为（　　）和（　　）。

6. 生态因子作用的一般特点包括（　　）、（　　）、（　　）、（　　）、（　　）作用。

7. 生物为保持内稳态发展了很多复杂的形态、生理和（　　）的适应。

8. 可见光是电磁波，其主要波长范围在（　　）nm。

9. 生理有效辐射中,（　　）光和（　　）光是被叶绿素吸收最多的部分。

10. 绿色植物进行光合作用,（　　）光对糖的合成有利,（　　）光有利于蛋白质的合成。

11. 根据植物开花对日照长度的反应,可把植物分为（　　）植物、（　　）植物、（　　）植物和（　　）植物。

12. 低温对生物的伤害可分为（　　）和（　　）。

13. 发育起点温度又称为（　　）。

14. 有效积温的计算方法,是从某一时期内的平均温度减去（　　）。

15. 动物对温度的适应方式包括（　　）、（　　）、（　　）。

16. 东北虎的颅骨长 331～345 mm,华南虎的仅 283～381 mm 长,这种现象称为（　　）。

17. 北极狐的外耳明显短于温带的赤狐,而温带赤狐的外耳又明显短于热带的大耳狐,这种现象可以用（　　）解释。

18. 地球上降雨量随纬度发生很大变化,一般来说,赤道附近降水量（　　）,极地地区（　　）。

19. 陆生植物随生长环境的水分状态可分为（　　）、（　　）和（　　）。

20. 陆生动物主要通过（　　）、（　　）和（　　）减少失水。

21. 根据对过量盐类的适应特点,盐土植物可分为（　　）、（　　）和（　　）。

22. 根据土壤质地可把土壤分为（　　）、（　　）和（　　）三大类,其通气透水、保水保肥性能都不一样。

三、选择题

1. 根据生态因子的性质,可将其分为土壤因子、地形因子、生物因子、人为因子和（　　）。

　　A. 气候因子　　B. 地球因子　　C. 非生物因子　　D. 外来因子

2. 根据生态因子的稳定性程度可把生态因子分为稳定因子和（　　）。

A. 气候因子　　B. 地形因子　　C. 外来因子　　D. 变动因子

3. 根据生态因子作用大小与生物数量的相互关系,将生态因子分为密度制约因子和(　　)。

A. 气候因子　　B. 地形因子　　C. 稳定因子　　D. 非密度制约因子

4. 具体的生物个体和群体生活地段上的生态环境称为(　　)。

A. 环境　　　　B. 生境　　　　C. 内环境　　　D. 地球环境

5. 地形因子对生物的作用属于(　　)。

A. 直接作用　　B. 间接作用　　C. 替代作用　　D. 补偿作用

6. 氧气对水生动物来说,属于(　　)。

A. 综合因子　　B. 一般生态因子　C. 替代因子　　D. 限制因子

7. 生物在生长发育的不同阶段往往对生态因子及其强度有不同的需求,这是指生态因子的(　　)。

A. 阶段性作用　B. 间接作用　　C. 综合作用　　D. 不可替代性

8. 最小因子法则是由哪一位科学家提出的(　　)。

A. Tansley　　B. Liebig　　　C. Haeckel　　　D. Shelford

9. 对生物起着直接影响的邻近环境称为(　　)。

A. 地区环境　　B. 生物圈　　　C. 大环境　　　D. 小环境

10. 每种植物的生态幅影响该种植物的(　　)。

A. 生物量　　　B. 生长速度　　C. 分布范围　　D. 发育程度

11. 从赤道到两极,光照强度随纬度的增加而(　　)。

A. 减弱　　　　B. 增强　　　　C. 不变　　　　D. 略增强

12. (　　)往往是动物适应不良环境条件的第一性手段。

A. 行为适应　　B. 生理适应　　C. 滞育　　　　D. 休眠

13. (　　)在某些植物的春化阶段是必不可少的。

A. 光照强度　　B. 光周期　　　C. 低温　　　　D. 昼夜变温

14. 在光谱中,380～760 nm 波长范围的光属于(　　)。

A. 紫外光　　　B. 红外光　　　C. 可见光　　　D. 蓝光

15. 植物光合作用的光谱范围主要是(　　)。

A. 可见光区　　B. 紫外光区　　C. 红外光区　　D. 绿光

16. 属于生理无效辐射的光质是(　　)。

A. 红光　　　　B. 紫光　　　　C. 绿光　　　　D. 蓝紫光

17. 属于生理有效辐射的光质是(　　)。

A. 红光　　　　B. 紫外光　　　C. 绿光　　　　D. 红外光

18. 在太阳辐射光谱中,主要引起热的变化的光是(　　)。

A. 红光　　　　B. 紫外光　　　C. 绿光　　　　D. 红外光

19. 在太阳辐射中,主要引起光学效应,促进维生素 D 的形成和杀菌作用的光是(　　)。

A. 红光　　　　B. 紫外光　　　C. 绿光　　　　D. 红外光

20. 下列植物中,属于长日照植物的是(　　)。

A. 大豆　　　　B. 玉米　　　　C. 冬小麦　　　D. 水稻

21. 下列植物中,属于短日照植物的是(　　)。

A. 冬小麦　　　B. 甜菜　　　　C. 萝卜　　　　D. 水稻

22. 在光与植物形态建成的各种关系中,植物对黑暗环境的特殊适应产生(　　)。

A. 黄化现象　　B. 白化现象　　C. 辐射效应　　D. 代谢效应

23. 昆虫的休眠和滞育主要与下列哪一生态因子有关(　　)。

A. 温度　　　　B. 食物　　　　C. 湿度　　　　D. 光

24. 生活在高纬度地区的恒温动物,其身体往往比生活在低纬度地区的同类个体大,这个规律称为(　　)。

A. Allen 规律　B. Bergman 规律　C. Logistic 增长　D. Titman 模型

25. 动物在低温环境中降低身体终端的温度,这种适应是(　　)。

A. 生理适应　　B. 行为适应　　C. 形态适应　　D. 对高温的适应

26. 发育起点温度又称为(　　)。

A. 最低温度　　B. 最低有效温度　C. 温度下限　　D. 温度上限

27. 北极狐的外耳明显短于温带的赤狐,而温带赤狐的外耳又明显短于热带的大耳狐,这种现象可以用(　　)解释。

A. 贝格曼规律　　B. 阿仑规律　　C. 谢尔福德规律　　D. 高斯假说

28. 东北虎的颅骨长 331～345 mm,而华南虎的颅骨仅有 283～318 mm,这个现象可以用(　　)解释。

A. 贝格曼规律　　B. 阿仑规律　　C. 谢尔福德规律　　D. 高斯假说

29. 当光强度不足时,CO_2 浓度的适当提高,则使植物光合作用强度不至于降低,这种作用称为(　　)。

A. 综合作用　　B. 阶段性作用　　C. 补偿作用　　D. 不可替代作用

30. 一般来讲,某种生物的耐性限度达到最适时的温度、湿度条件组合状况为(　　)。

A. 高温、高湿　　B. 中温、高湿　　C. 中温、高湿　　D. 中温、中湿

31. 有效积温法则公式 $K=N(T-C)$ 中,C 为(　　)。

A. 平均温度　　B. 发育的时间　　C. 有效积温　　D. 发育起点温度

32. 一般而言,高纬度地区作物整个生育期所需有效积温较低纬度地区的要(　　)。

A. 多　　B. 少　　C. 一样　　D. 不确定

33. 大多数植物的生长和干物质积累在变温条件下比恒温条件下(　　)。

A. 有利　　B. 不利　　C. 一样　　D. 不确定

34. 在自然环境条件下所诱发的生物生理补偿变化通常需要较长时间,这种补偿变化称为(　　)。

A. 实验驯化　　B. 气候驯化　　C. 人工驯化　　D. 休眠

35. 在盛行连续单向风的地方,如高山、风口区,常出现(　　)。

A. 高大树　　B. 旗形树　　C. 乔木　　D. 灌木

36. 水生植物的特点是(　　)。

A. 通气组织发达　　B. 机械组织发达　　C. 叶面积小　　D. 根系发达

37. 湿生植物的特点是(　　)。

A. 叶面积较大　　B. 根系发达　　C. 通气组织不发达　　D. 叶片较少

38. 旱生植物的特点是(　　)。

A. 根系发达,叶表面积较小　　　　B. 根系发达,叶表面积较大

C. 根系不发达,叶表面积较小　　　D. 根系不发达,叶表面积较大

39. 最利于植物生长的土壤质地是(　　)。

　　A. 黏土　　　　B. 砂土　　　　C. 壤土　　　　D. 黄土

40. 最有利于植物生长的土壤结构是(　　)。

　　A. 团粒结构　　B. 片状结构　　C. 块状结构　　D. 柱状结构

41. 阴性植物的特点是(　　)。

　　A. 光补偿点较高,生长在全光照条件下

　　B. 光补偿点较高,生长在阴湿条件下

　　C. 光补偿点较低,生长在全光照条件下

　　D. 光补偿点较低,生长在阴湿条件下

42. 土壤细菌和豆科植物的根系所形成的共生体称为(　　)。

　　A. 菌根　　　　B. 根瘤　　　　C. 菌丝　　　　D. 子实体

43. 在北半球中纬度的山区,阳坡的环境特点是(　　)。

　　A. 温度较高,相对湿度较小　　　B. 温度较高,相对湿度较大

　　C. 温度较低,相对湿度较小　　　D. 温度较低,相对湿度较大

44. 适合在强光照环境中生活的植物称为(　　)。

　　A. 湿生植物　　B. 中生植物　　C. 阳生植物　　D. 阴生植物

45. (　　)是水生动物最重要的限制因素。

　　A. 水温　　　　B. 光照　　　　C. 溶氧　　　　D. 盐度

四、问答题

1. 简述环境、生态环境和生境的区别与联系。
2. 环境的类型都有哪些?
3. 简述利比希(Liebig)最小因子定律。
4. 简述谢尔福德(Shelford)耐性定律。
5. 试述生态因子的作用规律。

6. 试述光的生态作用。

7. 论述温度因子的生态作用。

8. 简述植物、动物对高温的适应。

9. 植物如何通过形态和生理途径来适应干旱？

10. 试述水因子的生态作用。

11. 试述陆生植物对水因子的适应。

12. 简述土壤物理性质对生物的影响。

13. 简述土壤化学性质对生物的影响。

参 考 答 案

一、名词解释

1. 环境（environment）

环境是指某一特定生物体或生物群体周围一切的总和，包括空间以及直接或间接影响该生物体或生物群体生存的各种因素。

2. 生态因子（ecological factor）

生态因子是指环境要素中对生物生长、发育、生殖、行为和分布有直接或间接影响的因子，如光照、温度、水分、氧气、二氧化碳、食物和其他生物等。

3. 生境（habitat）

所有生态因子构成生物的生态环境、特定生物体或群体的栖息地的生态环境称为生境。

4. 利比希最小因子定律

低于某种生物需要的最小的任何特定因子，是决定该种生物生存和分布的根本因素。

5. 限制因子

任何生态因子，当接近或超过某种生物的耐受极限而阻止其生存、生

长、繁殖或扩散时,这个因素称为限制因子

6. 耐受性定律

任何一个生态因子在数量上或质量上的不足或过多,即当其接近或达到某种生物的耐受限度时会使该种生物衰退或不能生存。

7. 生态幅

每一种生物对每一种生态因子都有一个耐受范围,即有一个生态上的最低点和最高点。在最低点和最高点(或称耐受性的上限和下限)之间的范围,称为生态幅或生态价。

8. 内温动物

通过自己体内氧化代谢产热来调节体温的动物,例如鸟兽等。

9. 外温动物

依赖外部热源来调节体温的动物,如鱼类、两栖类、爬行类。

10. 春化

植物在发芽前需要一个寒冷期,由低温诱导的开花称为春化。

11. 发育阈温度

发育是在一定的温度范围上开始的,低于这个温度生物不能发育,这个温度称为发育阈温度。

12. 贝格曼规律

来自寒冷气候的动物,往往比来自温暖气候的内温动物个体大,导致相对体表面积变小,使单位体重的热散失减少,有利于抗寒。

13. 阿伦规律

冷地区内温动物身体突出部分,如四肢、尾巴和外耳有变小的趋势,这是阿伦规律。

14. 光周期现象

植物的开化结果、落叶及休眠,动物的繁殖、冬眠、迁徙和换羽毛等,是对日照长短的规律性变化的反应,称为光周期现象。

15. 冷害

喜温生物在 0 ℃以上的温度条件下受到的伤害。

16. 冻害

生物在冰点以下受到的伤害叫冻害。

17. 生物学零度

生物生长发育的起点温度,即生物的生长发育是在一定的温度范围上才开始的,低于这个温度生物不发育,这个温度称为发育阈温度或生物学零度。

18. 有效积温

生物完成某个发育阶段所需的总热量。$K=N(T-C)$,式中,K 为有效积温,N 为发育时间,T 为平均温度,C 为发育阈温度。

19. 黄化现象

植物在黑暗中不能合成叶绿素,但是能形成胡萝卜素,导致叶子发黄,称为黄化现象。

20. 土壤质地

土粒按直径大小分为粗砂、细粒、粉砂和黏粒,不同大小土粒的组合称为土壤质地。

21. 土壤结构

土壤结构是指固体颗粒的排列方式、孔隙的数量和大小以及团聚体的大小和数量等。

22. 湿生植物(hygrophyte)

通常是指一类生长于隐蔽潮湿环境中,抗旱能力弱的植物,这类植物不能长时间忍受缺水,通气组织发达,以保证供氧。

23. 中生植物(mesad)

中生植物是指一类具有一套保持水分平衡的结构与功能的植物,这类植物根系与输导组织比湿生植物发达,叶面有角质层。

24. 旱生植物(siccocolous)

旱生植物是指一类生长在干热草原和荒漠地带,抗旱能力极强的植物,叶片极度退化为针刺状,具有发达的储水组织。

25. 腐殖质(humus)

腐殖质是土壤微生物分解有机物时，重新合成的具有相对稳定性的多聚化合物，是植物营养的重要碳源和氮源。

二、填空题

1. 环境要素中对生物起作用
2. 生态环境
3. 生境
4. 气候因子　　土壤因子　　地形因子　　生物因子　　人为因子
5. 密度制约因子　　非密度制约因子
6. 综合作用　　主导因子作用　　阶段性作用　　不可替代性和补偿性作用　　直接作用和间接作用
7. 行为
8. 380～760
9. 红　　蓝
10. 红　　蓝紫
11. 长日照　　短日照　　中日照　　日中性
12. 冻害　　冷害
13. 生物学零度
14. 生物学零度
15. 行为适应　　形态适应　　生理适应
16. 贝格曼规律
17. 阿伦规律
18. 多　　少
19. 湿生植物　　中生植物　　旱生植物
20. 形态结构适应　　行为适应　　生理适应
21. 聚盐性植物　　泌盐性植物　　不透盐植物
22. 砂土　　壤土　　黏土

三、选择题

1	2	3	4	5	6	7	8	9	10	11	12	13	14	15
A	D	D	B	B	D	A	B	D	C	A	A	C	C	A
16	17	18	19	20	21	22	23	24	25	26	27	28	29	30
C	A	D	B	C	D	A	D	B	A	B	B	A	C	D
31	32	33	34	35	36	37	38	39	40	41	42	43	44	45
D	B	A	B	B	A	A	A	C	A	D	B	A	C	C

四、问答题

1. 答：环境是指某一特定生物体或生物群体周围一切事物的总和；生态环境是指围绕着生物体或者群体的所有生态因子的集合，或者说是指环境中对生物有影响的那部分因子的集合；生境则是指具体的生物个体和群体生活地段上的生态环境，其中包括生物本身对环境的影响。

2. 答：按环境的性质可将环境分成自然环境、半自然环境（被人类破坏后的自然环境）和社会环境三类；按环境的范围大小可将环境分为宇宙环境（或称星际环境）、地球环境、区域环境、微环境和内环境。

3. 答：在一定稳定状态下，任何特定因子的存在量低于某种生物的最小需要量，是决定该物种生存或分布的根本因素。这一理论被称作"Liebig 最小因子定律"。应用这一定律时，一是注意其只适用于稳定状态，即能量和物质的流入和流出处于平稳的情况；二是要考虑生态因子之间的相互作用。

4. 答：生物的存在与繁殖，要依赖于综合环境因子的存在，只要其中一项因子的量（或质）不足或过多，超过了某种生物的耐性限度，则使该物种不能生存，甚至灭绝。这一理论被称为 Shelford 耐性定律。

5. 答：(1) 综合作用。生态环境是一个统一的整体，生态环境中各种生态因子都是在其他因子的相互联系、相互制约中发挥作用，任何一个单因子的变化,都必将引起其他因子不同程度的变化及其反作用。

(2) 主导因子作用。在对生物起作用的诸多因子中,其中必有一个或两个是对生物起决定性作用的生态因子,称为主导因子。主导因子发生变化会引起其他因子也发生变化。

(3) 生态因子不可代替性和补偿作用。环境中各种生态因子对生物的作用虽然不尽相同,但都各具有重要性,不可缺少;但是某一个因子的数量不足,有时可以靠另外一个因子的加强而得到调剂和补偿。

(4) 阶段性作用。生态因子对生物的作用具有阶段性,这种阶段性是由生态环境的规律性变化所造成的。

(5) 直接作用和间接作用。环境中的一些生态因子对生物产生间接作用,如地形因子;另外一些因子如光照、温度、水分状况则对生物起直接的作用。

6. 答:太阳光是地球上所有生物得以生存和繁衍的最基本的能量源泉,地球上生物生活所必需的全部能量,都直接或间接地源于太阳光。

(1) 不同光质对生物有不同的作用。光合作用的光谱范围只是可见光区,红外光主要引起热的变化;紫外光主要是促进维生素 D 的形成和杀菌作用等。此外,可见光对动物生殖、体色变化、迁徙、毛羽更换、生长、发育等也有影响。

(2) 光照强度对生物的生长发育和形态建成有重要影响。很多植物叶子会随光照强度的变化呈现出日变化和年周期变化。植物种间对光强表现出适应性差异,可分为阳地种和阴地种。动物的活动行为与光照强度有密切关系,在器官的形态上产生了遗传的适应性变化。

(3) 日照长度的变化使大多数生物的生命活动也表现出昼夜节律,由于分布在地球各地的动植物长期生活在具有一定昼夜变化格局的环境中,借助于自然选择和进化而形成了各类生物所特有的对日照长度变化的反应方式,即光周期现象。根据对日照长度的反应类型可把植物分为长日照植物、短日照植物、中日照植物和日中性植物。日照长度的变化对大多数动物尤其是鸟类的迁徙和生殖具有十分明显的影响。

7. **答**：温度影响着生物的生长和生物的发育,并决定着生物的地理分布。任何一种生物都必须在一定的温度范围内才能正常生长发育。一般说来,生物生长发育在一定范围内会随着温度的升高而加快,随着温度的下降而变缓。当环境温度高于或低于生物所能忍受的温度范围时,生物的生长发育就会受阻,甚至造成死亡。此外,地球表面的温度在时间上有四季变化和昼夜变化,温度的这些变化都能给生物带来多方面和深刻的影响。

温度对生物的生态意义还在于温度的变化能引起环境中其他生态因子的改变,如引起湿度、降水、风、氧在水中的溶解度以及食物和其他生物活动和行为的改变等,这是温度对生物的间接影响。

8. **答**：植物对高温的适应主要表现在形态和生理两方面：

（1）形态方面：体表有密绒毛和鳞片。植物体表呈浅色,叶片革质发亮。改变叶片方向减少光的吸收面积。树干和根有厚的木栓层。

（2）生理方面：降低细胞含水量,增加盐或糖的含量,增强蒸腾作用。

动物对高温的适应主要表现在生理、形态和行为三方面：

（1）生理方面是适当放松恒温性。

（2）形态方面动物的皮毛起隔热和防止太阳直接辐射,夏季毛色变浅,具光泽,利于反射阳光,如骆驼的厚体毛等。

（3）行为方面是躲避高温等。

9. **答**：在形态上,根系比较发达,以利于吸收更多的水分,叶面积比较小,有的叶片呈刺状,气孔下陷,叶表角质层较厚或有绒毛,以减少水分的散失。有的植物具有发达的贮水组织。在生理上,含糖量高,细胞液浓度高,原生质渗透压高,使植物根系能够从干旱的土壤中吸收水分。

10. **答**：（1）水是生物体不可缺少的重要组成部分；水是生物新陈代谢的直接参与者,也是光合作用的原料。因此,水是生命现象的基础,没有水也就没有生命活动。此外,水有较大的比热,当环境中温度剧烈变动时,它可以发挥缓和、调节体温的作用。

（2）水对生物生长发育有重要影响。水量对植物的生长也有最高、最适和最低3个基点。低于最低点,植物萎蔫,生长停止；高于最高点,根系缺氧、窒息、烂根；只有处于最适范围内，才能维持植物的水分平衡，以保证植物有最优的生长条件。在水分不足时，可以引起动物的滞育或休眠。

（3）水对生物的分布的影响。水分状况作为一种主要的环境因素通常是以降水、空气湿度和生物体内外水环境三种方式对生物施加影响，这三种方式相互联系共同影响着生物的生长发育和空间分布。降水是决定地球上水分状况的一种重要因素，因此，降水量的多少与温度状况成为生物分布的主要限制因子。我国从东南至西北，可以分为3个等雨量区，因而植被类型也可分为3个区，即湿润森林区、半干旱草原区及干旱荒漠区。

11. **答**：根据植物与水分的关系，陆生植物又可分为湿生植物、旱生植物和中生植物3种类型。

（1）湿生植物还可分为阴性湿生植物和阳性湿生植物两个亚类。阴性湿生植物根系不发达，叶片极薄，海绵组织发达，栅栏组织和机械组织不发达，防止蒸腾、调节水分平衡的能力差。阳性湿生植物一方面叶片有角质层等防止蒸腾，另一方面为适应潮湿土壤而根系不发达，没有根毛，根部有通气组织和茎叶的通气组织相连，以保证根部取得氧气。

（2）旱生植物在形态结构上的特征，一方面是增加水分摄取，如发达的根系；另一方面是减少水分丢失：如植物叶面积很小，成刺状、针状或鳞片状等。有的旱生植物具有发达的贮水组织。还有一类植物是从生理上去适应。

（3）中生植物的形态结构和生理特征介于旱生植物和湿生植物之间，具有一套完整的保持水分平衡的结构域功能。如根系与输导组织比湿生植物发达，叶片有角质层，栅栏组织较整齐，防止蒸腾能力比湿生植物高。

12. **答**：土壤的质地分为砂土、壤土和黏土三大类。紧实的黏土和松散的沙土都不如壤土能有效地调节土壤水和保持良好的肥力状况。土壤结构可分为团粒结构、块状结构、片状结构和柱状结构等类型。具有团粒结构的土壤是结构良好的土壤。

土壤水分有利于矿物质养分的分解、溶解和转化，有利于土壤中有机物的分解与合成，增加了土壤养分，有利于植物吸收。土壤水分的过多或过少，对植物、土壤动物与微生物均不利。土壤水分影响土壤动物的生存与分布。

土壤通气程度影响土壤微生物的种类、数量和活动情况，进而影响植物的营养状况。

土壤温度对植物的生长发育有密切关系，土温直接影响种子萌发和扎根出苗，土温影响根系的生长、呼吸和吸收性能，土温影响矿物盐类的溶解、土壤气体交换、水分蒸发、土壤微生物活动及有机质的分解，而间接影响植物生长。土温的变化，导致土壤动物产生行为的适应变化。

土壤的质地和结构决定着土壤中的水分、空气和温度状况，而土壤水分、空气和温度及其配合状况又对植物和土壤动物的生活产生重要影响。

13. **答**：土壤酸碱度是土壤各种化学性质的综合反应，它对土壤肥力、土壤微生物的活动、土壤有机质的合成与分解、各种营养元素的转化和释放、微量元素的有效性以及动物在土壤中的分布都有着重要影响。

土壤有机质虽然含量少，但对土壤物理、化学、生物学性质的影响很大，同时它又是植物和微生物生命活动所需养分和能量的源泉。土壤有机质对土壤团粒结构的形成、保水、供水、通气、保温也有重要作用。

植物所需的元素均来自土壤中的矿物质和有机质的分解。土壤的无机元素对动物的生长和数量也有影响。

（李　晶）

第三章 种群生态学

一、名词解释

1. 种群（population）；2. 种群动态（population dynamics）；3. 种群密度；4. 生命表（life table）；5. 存活曲线；6. 出生率；7. 种群年龄结构；8. 生态入侵；9. 物种（species）；10. 遗传漂变（genetic drift）；11. 哈温定律；12. 适应辐射；13. 基因型；14. 多态现象；15. 生活史；16. 生活史对策；17. 寄生；18. Niche；19. 社会等级；20. Territory；21. Predation；22. 他感作用；23. 竞争释放；24. 性状替换

二、填空题

1. 估计种群密度最常采用的两种采样方法是（　　）和（　　）。

2. 种群的年龄结构一般可以分为（　　）、（　　）和（　　）三种类型。

3. 种群内个体在其生活空间中的位置状态或布局，称为（　　）。

4. 人工群落中，种群个体的分布格局一般为（　　）。

5. 在逻辑斯蒂克方程中，K 称为（　　）。

6. 种群个体的空间分布格局一般可以分为（　　）、（　　）和（　　）三种类型。

7. 生命表包括（　　）和（　　）。

8. 逻辑斯蒂曲线常划分为 5 个时期：（　　）、（　　）、（　　）、（　　）和（　　）。

9. 种群既是遗传单位，也是（　　）单位。

10. 同一种花经常可以呈现多种颜色,这种现象叫作(　　)现象。

11. 南非的布尔人主要是来自 1652 年上岸的一船 20 个移民的后代。最初的移民中有一个荷兰男性,带有遗传性舞蹈病基因,今年布尔人中该基因的高发病率,可以用(　　)解释。

12. 哈—温定律(Hardy-Weinberg law)认为,在一个(　　)、(　　)和(　　)的种群中,(　　)将世代保持稳定不变。

13. 慢速发育,大型成体,数量少但体型大的后代,低繁殖能量分配和长的世代周期的生殖对策称为(　　)对策。

14. 快速发育,小型成体,数量多但体型小的后代,高繁殖能量分配和短的世代周期的生殖对策称为(　　)对策。

15. 在种群生殖对策的研究中,有利于竞争能力增加的选择为(　　)选择。

16. Fisher 氏性比理论认为大多数生物种群的性比倾向于(　　)。

17. 动物婚配制度的类型可分为(　　)、(　　)、(　　)。

18. 一般情况下,领域面积会随占有着体重的增大而(　　),繁殖期也有(　　)的趋势。

19. 在一个稳定的环境中,两个以上受资源限制的、具相同资源利用方式的物种,不能长期共存在一起,称之为(　　)。

20. 进化生物学家 van Vallen 将捕食者与猎物间的(　　)关系描述为红皇后效应。

21. 种群过密或过疏都可能对其生长产生抑制性影响,动物种群有一个最适的种群密度,这一现象被称为(　　)规律。

三、选择题

1. 种群生态学研究的对象是(　　)。
A. 种群　　　B. 群落　　　C. 生态系统　　　D. 有机个体

2. 在一定时间、空间范围内,由同种个体集合,称为(　　)。

A. 种群　　　　B. 群落　　　　C. 林分　　　　　D. 林型。

3. 逻辑斯蒂克方程中,当 1=N/K 时,种群(　　)。

A. 种群增长近似指数增长　　　　B. 种群增长速度趋于零

C. 增种群增长的数量已接近极限　　D. 种群数量不变

4. 在自然状态下,大多数的种群个体分布格局是(　　)。

A. 随机分布　　B. 均匀分布　　C. 集群分布　　D. 泊松分布

5. 在逻辑斯蒂克方程中,参数 K 值的含义是(　　)。

A. 表示环境条件所允许的种群个体数量的最大值

B. 表示种群在初始态下的数量

C. 表示种群增长速度的一个参数

D. 表示可供种群继续增长的剩余时间

6. 种群指数增长方程中,当 r>0 时,种群个体数量(　　)。

A. 减少　　　　B. 稳定　　　　C. 增加　　　　D. 全部死亡

7. dN/dt=rN(K−N/K) 这一数学模型表示的种群增长情况是(　　)。

A. 无密度制约的离散增长　　　　B. 有密度制约的离散增长

C. 无密度制约的连续增长　　　　D. 有密度制约的连续增长

8. 沿海地区出现的"赤潮"从种群数量变动角度看是属于(　　)。

A. 季节性消长　　　　　　　　　B. 不规则波动

C. 周期性波动　　　　　　　　　D. 种群的爆发

9. 欧洲的穴兔于 1859 年由英国引入澳大利亚,十几年内数量急剧增长,与牛羊竞争牧场,成为一大危害。这种现象从种群数量变动角度看是属于(　　)。

A. 种群大发生　　　　　　　　　B. 生态入侵

C. 不规则波动　　　　　　　　　D. 种群大爆发

10. 在渔业生产上为获得持续最大捕捞量,海洋捕捞时,应使鱼类的种群数量保持在(　　)。

A. $K/2$　　　B. K　　　　C. $K/4$　　　D. $K/3$

11. 年龄锥体左右不对称的原因是（　　）。
   A. 各年龄组的死亡率不同　　　　B. 各年龄组的出生率不同
   C. 各年龄组的个体数差异　　　　D. 各年龄组的性比不同

12. 遗传漂变通常发生在（　　）。
   A. 小种群　　B. 大种群　　C. 隔离的大种群　　D. 岛屿化种群

13. 根据 Grime 的 CSR 三角形对植物生活史的划分，下面说法正确的是（　　）。
   A. 热带雨林环境支持胁迫忍耐对策
   B. 放牧草原环境支持杂草对策
   C. 沙漠支持杂草对策
   D. 高山冻原环境支持杂草对策

14. 有关 r-对策者和 K-对策者，下面说法不正确的是（　　）。
   A. K-对策者竞争能力强　　　　B. r-对策者幼体存活率低
   C. r-对策者生活在不稳定环境　　D. K-对策者种群恢复能力强

15. r-对策生物的主要特点有（　　）。
   A. 体型小　　　　　　　　　　B. 生殖力弱
   C. 世代周期长　　　　　　　　D. 低繁殖能量分配

16. K-对策生物的主要特点有（　　）。
   A. 世代周期短　　　　　　　　B. 高繁殖能量分配
   C. 体型小　　　　　　　　　　D. 生殖力弱

17. 个体大，寿命长，存活率高的生物的生存对策是（　　）。
   A. r-对策　　B. K-对策　　C. A-对策　　D. G-对策

18. 缺乏竞争时，物种会扩张其实际生态位的现象称为（　　）。
   A. 性状替换　　B. 竞争释放　　C. 适应辐射　　D. 极限相似性

19. 种间关系中，一种群受抑制，而另一种群无影响的类型是（　　）。
   A. 偏利作用　　B. 中性作用　　C. 原始合作　　D. 偏害作用

20. 白蚁消化道内的鞭毛虫与白蚁的关系是（　　）。
   A. 互利共生　　B. 偏害作用　　C. 偏利作用　　D. 中性作用

21. 物种在自然界中生长的地方最可能的是（　　）。
   A. 无天敌　　　　　　　　　　B. 环境条件较稳定的地方
   C. 该种竞争能力最大的地方　　D. 生境条件最好的地方

22. 与独立生活时相比，2个物种间的竞争必将导致（　　）。
   A. 2个种的重量等量减少
   B. 一个种的重量增加，另一个种的重量减少
   C. 2个种死亡
   D. 2个种的重量不等量减少

23. 两种生物生活在一起时，对二者都必然有利，这种关系为（　　）。
   A. 偏害作用　　B. 互利共生　　C. 偏利作用　　D. 中性作用

24. 种内竞争的表现有（　　）。
   A. 自疏　　　　B. 捕食　　　　C. 寄生　　　　D. 变换体态

25. 某种植物向环境中释放次生代谢物，排斥其他植物生长的现象称为（　　）。
   A. 他感作用　　B. 领域性　　　C. 竞争　　　　D. 抑制作用

26. 雄孔雀美丽的尾巴形成的原因在于（　　）。
   A. 红皇后效应　B. 协同进化　　C. 性选择　　　D. 性状替换

四、问答题

1. 种群具有哪些不同于个体的基本特征？
2. 种群年龄结构可分为哪几种类型？
3. 种群个体空间分布格局有哪几种类型？
4. 一般种群的存活曲线可以分为哪几种类型？
5. 物种形成的方式一般有哪些？
6. r-对策和 K-对策在进化过程中各有哪些优缺点？
7. K-对策者和 r-对策者各有哪些生态特征？举出这两种对策者的例子，并说明为什么人们必须更加重视 K-对策者资源的保护工作。

8. 动物的婚配制度有几种类型？环境因素是如何影响动物的婚配制度的？

9. 什么是领域？动物的领域性研究中总结出哪些规律？

10. 捕食作用具有哪些生态意义？

11. 捕食作用对生态系统有什么影响或作用？

12. 什么是植物种内竞争所表现的密度效应？

13. 高斯假说的中心内容是什么？

14. 根据有关植物与食草动物系统种群相互动态的生态学理论，应该怎样对牧场进行管理？

15. 谈谈寄生者与寄主的协同进化。

16. 他感作用有哪些生态学意义？

17. 试述种间关系的主要类型及其特征。

18. 试举例说明捕食者与猎物的协同进化。

参 考 答 案

一、名词解释

1. 种群（population）

在一定的时间和空间范围内，由同种个体组成的个体群称为种群。

2. 种群动态（population dynamics）

种群数量在时间和空间上的变动规律。

3. 种群密度

单位面积或容积中种群的个体数目。

4. 生命表（life table）

把观测到的种群中不同年龄个体的存活和死亡数编制成表，称为生命表。

5. 存活曲线

依据生命表中种群在不同年龄的存活数绘制的曲线称为存活曲线。

6. 出生率

出生率是指种群在单位时间内出生的个体数与初始个体总数之比。

7. 种群年龄结构

种群年龄结构是指种群内个体的年龄分布状况,用各个年龄级的个体数在整个种群个体总数中所占百分比表示。

8. 生态入侵(ecological invasion)

由于人类有意识或无意识地把某种生物带入适宜其栖息和繁衍的地区,种群不断扩大,分布区逐步稳定地扩展,这种过程称生态入侵。

9. 物种(species)

物种是由许多群体组成的生殖单元(与其他单元生殖上隔离),在自然界中占有一定的生境位置。

10. 遗传漂变(genetic drift)

遗传漂变是基因频率的随机变化,仅偶然出现,在小种群中更明显。

11. 哈温定律

哈温定律指在一个巨大的、个体交配完全随机、没有其他因素干扰的种群中,基因频率和基因型频率将世代保持稳定不变。

12. 适应辐射

由一个共同的祖先起源,在进化过程中分化成许多类型,适应各种生活方式的现象,叫做适应辐射。

13. 基因型

种群内每一个个体的基因组合称为基因型。

14. 多态现象

种群中许多等位基因的存在导致一个种群中一种以上的表型,这种现象叫做多态现象。

15. 生活史

生活史又称生活周期,是指一个生物从出生到死亡所经历的全部过程。

16. 生活史对策

生物在生存斗争中获得的生存对策。

17. 寄生

一种生物从另一种生物体液、组织或已消化的物质获取营养,并造成对宿主的危害,这种现象叫寄生。

18. Niche

生态位,指生物在群落或生态系统中的地位和角色,是物种所有生态特征的总和。

19. 社会等级

一群同种的动物中,每个个体的地位有一定顺序性或序位,其基础是支配—从属关系,这种顺序性叫社会等级。

20. Territory

领域,指由个体、家庭或其他社群单位所占据的,并积极保卫不让同种其他成员侵入的空间。

21. Predation

捕食,一种生物摄取其他种生物个体的全部或部分为食。

22. 他感作用（allelopathy）

植物体通过向体外分泌代谢过程中的化学物质,对其他植物产生直接或间接影响的现象。

23. 竞争释放

缺乏竞争者时,物种实际生态位扩张的现象。

24. 性状替换

竞争产生的生态位收缩导致形态变化的现象。

二、填空题

1. 样方法　　标记重捕法
2. 增长型　　稳定型　　下降型
3. 种群的内分布型

4. 均匀分布

5. 环境容纳量

6. 随机分布   均匀分布   集群分布

7. 动态生命表   静态生命表

8. 开始期   加速期   转折期   减速期   饱和期

9. 进化

10. 多态

11. 建立者效应

12. 巨大的   个体交配完全随机   没有其他因素干扰   基因频率和基因型频率

13. K

14. r

15. K

16. 1∶1

17. 单配制   一雌多雄制   一雄多雌制

18. 扩大   扩大

19. 高斯假说或竞争排斥原理

20. 协同进化

21. 阿利氏

三、选择题

1	2	3	4	5	6	7	8	9	10	11	12	13
A	A	C	A	C	D	D	B	A	D	A	D	B

14	15	16	17	18	19	20	21	22	23	24	25	26
D	A	D	B	B	D	A	C	D	B	A	A	C

四、问答题

1. **答**:种群具有个体所不具备的各种群体特征,大体分3类:

数量特征:① 种群密度和空间格局;② 初级种群参数,包括出生率(natality)、死亡率(mortality)、迁入和迁出率,出生和迁入是使种群增加的因素,死亡和迁出是使种群减少的因素;③ 次级种群参数,包括性比,年龄分布和种群增长率等。

空间分布特征:即种群具有一定的分布区域。

遗传特征:种群具有一定的基因组成,即系一个基因库,以区别于其他物种,但基因组成同样处于变动之中。

2. **答**:种群年龄结构可分以下几种类型:

(1) 增长型:年幼个体数多,老年个体少,种群数量呈上升趋势。

(2) 稳定型:各年龄级的个体数分布比较均匀,种群处于相对稳定状态。

(3) 衰退型:幼龄个体少,老龄个体相对较多,种群数量趋于减少。

3. **答**:种群个体空间分布格局类型有:

(1) 随机分布:每一个体在种群领域中各点上出现的机会是相等的,并且某一个体的存在不影响其他个体的分布。

(2) 均匀分布:种群内的各个个体之间保持一定的均匀距离。

(3) 集群分布:种群个体的分布极不均匀,常成群、成簇、成团状。

4. **答**:一般种群的存活曲线可以分为:

(1) Ⅰ型:曲线凸形,表示幼体存活率较高,而老年个体死亡率高,在接近生命寿命前只有少数个体死亡。如大型哺乳动物和人的存活曲线。

(2) Ⅱ型:曲线呈对角线型,种群在整个生命过程中,死亡率基本稳定,即各个年龄的死亡基本相同。

(3) Ⅲ型:曲线凹形,在幼年时期死亡率很高,以后死亡率较低且稳定。

5. **答**:异域性物种形成,与原来种由于地理隔离而进化形成新种;邻域性物种形成,在相邻分布区由于部分地理隔离而形成新种;同域性物种形成,在同一区域没有地理隔离而分化出新种。

6. 答: r-选择:死亡率高,但高 r 值能使种群迅速恢复,高扩散能力使其迅速离开恶化环境,有利于建立新的种群,更有利于形成新的物种。

K-选择:竞争能力强、数量稳定、大量死亡或导致生境退化的可能性较小;由于低 r 值,种群数量下降后恢复困难。

7. 答: r-对策者,种群密度很不稳定,因为其生境不稳定,种群超过环境容纳量不致造成进化上的不良后果,所以它们必然尽可能地充分利用资源,增加繁殖能量分配,充分发挥内禀增长率。这类动物通常是出生率高,个体小,寿命短,常常缺乏保护后代的机制。具较强的扩散能力,子代死亡率高,适应多变的栖息生境。如一年生植物和昆虫一般偏向于 r 选择。

K-对策者,其种群密度比较稳定,一般稳定在环境容纳量 K 值附近。因为其生境是相对稳定的,环境容纳量也比较稳定,种群超过 K 值反而会导致资源的破坏而引起 K 值变小,从而对后代不利。在这种较为稳定的生境里,种间竞争很剧烈。这类动物通常是出生率低、个体大、寿命长,具较完善的后代保护机制。子代死亡率低,扩散能力较差,因而适应稳定的栖息生境。其进化方向是使种群保持在平衡密度附近和增加种间竞争的能力。如森林树木和大熊猫、虎等大型哺乳动物一般趋向于采取 K-选择。

r-对策者的种群数量不稳定,但它有很高的种群增长速率,当超过环境容纳量以后,其数量会迅速下降。正是由于它有很强的增殖能力,因此在数量很少时也不易灭绝。而 K-对策者种群数量较为稳定,种群有一个较为稳定的平衡点,当种群数量低于或高于平衡密度时,都有向平衡密度回收的趋势。同时,K-对策者种群还有一个灭绝点,当种群数量低于该点时则会走向灭绝。地球上很多珍稀物种都属于比较典型的 K-对策者,由于人类对其生境的破坏或过度捕杀等各种原因,都面临着灭绝(或已经灭绝)的厄运。因此,我们特别要注意对 K-对策者物种的保护。

8. 答: 婚配制度包括单配制,多配制,后者又包括一雄多雌,一雌多雄。环境因素主要是通过食物和营巢地空间和时间上的分布情况来决定婚配制度。当环境优良、食物资源高品质且分布均匀时,有利于形成单配制。资源分布不均匀,或当一个雌体能依靠自身养育后代,倾向形成一雄多雌,在极严酷的环境下,可能抚育后代的要求比双亲所能给予的更多,一雌多雄可能是最有效的对策。

9. **答**:领域是指由个体、家庭或其他社群单位所占据的,并积极保卫不让同种其他成员侵入的空间。

在动物的领域性研究中总结出如下规律:

(1) 领域面积随占有者的体重而扩大;

(2) 领域面积受食物品质的影响,食肉动物的领域面积较同样体重的食草动物大;

(3) 领域面积和行为往往随生活史,尤其是繁殖节律而变化。

10. **答**:捕食是指某种生物消耗另一种其他生物活体的全部或部分身体,直接获得营养以维持自己生命的现象。捕食者与猎物的关系,往往在调节猎物种群的数量上起着重要的作用。捕食关系是在漫长的进化过程中形成的,因此捕食者可以作为自然选择的力量对被捕食者的质量起一定的调节作用,被捕食的往往是体弱患病的或遗传特性较差的个体,这样阻止了不利的遗传因素的延续。

在进化过程中,捕食者与被捕食者两者之间形成长期的协同进化。捕食者能将被捕食者的种群数量压到较低水平,从而减轻了被捕食者的种间竞争。竞争的减弱能允许有更多的被捕食者共存,故捕食作用能维持群落的多样性。

被捕食种群数量增长受到制约,避免数量太大,造成环境资源过度消耗,引起系统崩溃。

11. **答**:捕食作用对生态系统有正面和负面两方面的影响或作用。

负面的影响或作用主要是:① 会使被捕食物种数量下降,甚至物种灭绝;② 过度的捕食还会影响同样以被捕食者为食的其他生物的食源,进而影响生态系统的结构和稳定。

正面的影响或作用主要是:① 捕食可淘汰被捕食种群中老、弱、病、残的个体,提高种群个体的质量,提高种群的适合度和竞争能力;② 抑制被捕食种群,防止种群过于扩大,对环境造成破坏;③ 给其他物种留下一些资源,使系统可保持较高的生物多样性。

12. **答**:植物的种内竞争所表现的密度效应有 2 个法则,其一是最后产量恒值法则,即在密度变化的一定区间内,最终产量是恒定的而与播种的密度无关,可由公式表述为:$c=w \cdot d, c$ 为总产量,w 为平均株重,d 为密度。原因是种内竞争激烈,在资源有限的条件下,密度升高,则植株变小,构件减少。

另一个是 $-3/2$ 自疏法则,即:播种密度超过某一临界密度,则不仅影响植株的生长发育速度,而且影响到种群的存活率,种群表现为密度越高,密度制约性死亡发生越早,且死亡率越高。自疏表现早晚在密度与平均株重的坐标图中表现出 $-3/2$ 斜率的自疏线。

13. **答**:在一个稳定的环境内,两个以上受资源限制的、但具有相同资源利用方式的物种,不能长期共存在一起,即完全的竞争者不能共存。即要求相同资源的两个物种不能共存于一个空间,长期共存在同一地区的两个物种,由于激烈竞争,他们必然会出现栖息地、食物、活动时间或其他特征上的生态位分化。

14. **答**:植物与食草动物种群的相互动态过程表明,食草动物的采食活动在一定范围内能刺激植物净生产力的提高,超过此范围净生产力开始下降,然后随放牧强度的增加,就会破坏草原群落,引起草场退化。即放牧活动能在一定程度上调节植物的种间关系,使牧场植被保持一定的稳定性。根据此理论,牧场应保持一定的放牧强度,禁止放牧或放牧强度过大都不利于保持牧场植被的稳定性。

15. **答**:一方面寄生者对寄生生活形成一定的适应特征,如感官和神经系统退化,有超强的繁殖能力和相应发达的生殖器官,转换寄主等复杂的生活史等。另一方面,寄主被寄生者感染后会发生强烈反应,如免疫反应:细胞免疫反应和 B 细胞免疫反应;行为对策:整理毛、羽,逃离病区;植物和低等动物的反应:非特异性免疫、局部细胞死亡、提前落叶等。

寄生者与寄主的协同进化常常使有害的副作用逐渐减弱,甚至演变为互利共生的关系。

16. 答:(1)他感作用使一些农作物不宜连作。

(2)他感作用影响植物群落中的种类组成,他感作用是造成种类成分对群落的选择性以及某种植物的出现引起另一类消退的主要原因之一。

(3)他感作用是影响植物群落演替重要的因素之一。

17. 答:生物种间关系十分复杂,主要包括如下类型:

(1)种间竞争:指两种或多种生物因利用共同资源而产生的使其受到不良影响的相互关系,竞争结果通常是一方获胜,另一方被抑制或消灭,竞争的能力取决于种的生态习性、生活型、生态幅度等;

(2)捕食作用:一种生物摄取其他生物个体(猎物)的全部或部分为食的现象,前者称为捕食者,后者称为猎物,捕食者与猎物的相互关系是经过长期的协同进化形成的,广义的捕食包括典型的捕食、食草作用、寄生和拟寄生、同类相食等。

(3)寄生:指一个种(寄生物)寄居于另一个种(寄主)的体内或体表,靠寄主体液、组织或已消化物质获取营养而生存,寄生物与寄主间常形成相互适应和协同进化的关系,这种关系甚至会演变为互利共生的关系。

(4)共生:包括偏利共生和互利共生两种类型,偏利共生指共生对一方有利、对另一方无害的共生类型,互利共生指两物种相互有利的共居关系,彼此间有直接的营养物质的交流,相互依赖、相互依存、双方获利。

18. 答:一个物种的性状作为对另一物种的性状的反应而进化,而后一物种的性状又作为对前一物种性状的反应的进化现象称协同进化。

捕食者与猎物的相互适应是长期协同进化的结果。捕食者通常具有锐利的爪、撕裂用的牙、毒腺或其他武器,以提高捕食效率,猎物常具保护色、警戒色、假死、拟态等适应特征,以逃避被捕食。蝙蝠能发放超声波,根据回声反射来确定猎物的位置;而一些蛾类能根据其腹基部"双耳"感受的声纳逃避蝙蝠的捕食。不仅如此,某些灯蛾科种类能发放超声波对付蝙蝠的超声波,并使其堵塞或失灵。更有趣的是,为了对付蛾类这种"先进"的防卫系统,蝙蝠还能通过改变频率,避免发放蛾类最易接受的频率,或者停止回声探测而直接接受蛾所产生的声音以发现猎物。

捕食者与猎物的相互适应是进化过程中的一场真实的"军备竞赛"。在捕食者与猎物相互的协同进化过程中,常常使有害的"副作用"倾向于减弱。捕食者如有更好的捕食能力,它就更易得到后裔,因此自然选择有利于更有效的捕食。但过分有效的捕食可能把猎物种群消灭,然后捕食者也因饥饿而死亡,因此"精明"的捕食者不能对猎物过捕。

(王春景)

第四章 群落生态学

一、名词解释

1. 群落；2. 生活型；3. 层片；4. 生物多样性；5. 群落交错区；6. 群落最小面积；7. 优势种；8. 边缘效应；9. 季相；10. 定居；11. 演替；12. 波动；13. 原生裸地

二、填空题

1. 群落的外貌决定于（　　）和（　　）。

2. 群落种类组成的数量特征包括：（　　）、（　　）、（　　）、（　　）。

3. 根据休眠芽在不良季节的着生位置,可将陆生植物划分为5种生活型：（　　）、（　　）、（　　）、（　　）、（　　）。

4. 群落水平结构的主要特征就是它的（　　）。

5. 生物多样性可分为（　　）、（　　）、（　　）3个层次。物种多样性有两种含义：一是种的（　　）；二是种的（　　）。

6. 群落演替按其起始条件可划分为：（　　）和（　　）。

7. 群落演替按其基质的性质分为：（　　）和（　　）。

8. 水生演替系列经历的主要阶段有（　　）、（　　）、（　　）、（　　）、（　　）、（　　）。

9. 我国植被分类采用（　　）原则。

10. 中国的植物群落分类系统中所采用的3级主要的分类单位是：（　　）、（　　）和（　　）。

三、选择题

1. 岛屿生物地理学理论被广泛接受的一个重要原因是该理论能够简单地用一个变量来表述岛屿的生物学特征,这个单一变量是(   )。
   A. 岛屿面积   B. 物种的灭绝速率
   C. 岛屿距大陆的距离   D. 物种数量

2. 群落的水平结构的主要特征是其(   )。
   A. 外貌   B. 镶嵌性   C. 成层性   D. 季相

3. 对群落的结构和群落环境的形成有明显控制作用的植物称为(   )。
   A. 优势种   B. 伴生种   C. 亚优势种   D. 建群种

4. 群落中以同一方式利用共同资源的物种集团,称为(   )。
   A. 同资源种团   B. 群丛   C. 关键种   D. 生态位

5. 乔木树种的生活型为(   )。
   A. 地上芽植物   B. 地面芽植物   C. 地下芽植物   D. 高位芽植物

6. 下列术语中属植物划分生活型的术语的是(   )。
   A. 一年生植物   B. 草本   C. 灌木   D. 乔木

7. 生活在沙漠中的仙人掌、霸王鞭,分属仙人掌科和大戟科,但它们都以小叶、肉质化的茎来适应干旱生境,这种现象称为(   )。
   A. 趋同适应   B. 趋异适应   C. 互利共生   D. 竞争

8. 群落的垂直结构的主要特征是其(   )。
   A. 外貌   B. 镶嵌性   C. 成层性   D. 季相

9. 植物对于综合环境条件的长期适应,而在外貌上反映出来的植物类型称为(   )。
   A. 层片   B. 生活型   C. 生长型   D. 生态型

10. 在生物群落中,判断一个物种是否为优势种的主要依据是(   )。
    A. 物种的体积   B. 物种生物量

C. 物种数量　　　　　　　D. 物种在群落中的作用

11. 下列哪项不是生态过渡带的特点（　　）。

　　A. 生态环境变化速度快　　B. 抗干扰能力弱
　　C. 生物多样性较高　　　　D. 生态环境恢复原状的可能性大

12. 物种多样性指数的高低决定于（　　）。

　　A. 物种的丰富程度　　　　B. 经度大小
　　C. 纬度高低　　　　　　　D. 海拔高度

13. 在我国的西双版纳热带雨林中，主要以下列哪种生活型的植物为主？（　　）

　　A. 地下芽植物　　　　　　B. 地上芽植物
　　C. 地面芽植物　　　　　　D. 高位芽植物

14. 当谈到某森林分为乔木层、灌木层和草本层时，这里指的是（　　）。

　　A. 群落的垂直成层性　　　B. 群落的垂直地带分布
　　C. 群落的水平成层性　　　D. 群落的镶嵌

15. 限制植物群落分布最关键的生态因子是（　　）。

　　A. 植物繁殖体的传播　　　B. 温度和降水
　　C. 耐受范围最宽的生态因子　D. 竞争者和捕食者

16. 植物繁殖体到达新地点后，开始发芽、生长、繁殖的过程称为（　　）。

　　A. 迁移　　　B. 演替　　　C. 入侵　　　D. 定居

17. 在生态演替中，下列各项中哪一项是最不可能发生的（　　）。

　　A. 群落的物种构成不断变化
　　B. 物种总数先增多，然后趋于稳定
　　C. 在初始阶段之后，生态系统中的生物量总量下降
　　D. 生态系统中的有机质总量下降

18. 单元顶级学说中的"顶级"是指（　　）。

　　A. 气候顶级　　B. 地形顶级　　C. 土壤顶级　　D. 偏途顶级

19. 每一个演替系列都是由先锋阶段开始，经过不同的演替阶段，到达

中生状态的最终演替阶段,这称为(　　)。

　　A. 原生演替　　　B. 演替　　　　C. 演替顶级　　　D. 演替系列

　　20. 植物群落的形成,可以从裸地上开始,也可以从已有的另一个群落中开始,一个群落在其形成过程中,不必经过的过程为(　　)。

　　A. 植物体的定居　　　　　　　B. 植物地上部分郁闭

　　C. 植物体之间的竞争　　　　　D. 繁殖体的传播

　　21. 植物在新地点定居成功的标志为(　　)。

　　A. 发芽　　　B. 植株生长　　　C. 植株开花　　　D. 繁殖

　　22. 中国植被分类系统中的基本单位是(　　)。

　　A. 种群　　　B. 群落　　　C. 群丛　　　D. 群系

四、问答题

　　1. 群落交错区有哪些特征?

　　2. 群落的层片与层次有何异同?

　　3. 在林区的保育过程中,有时进行斑块状的森林砍伐,这样做的目的是什么? 依据的生态学原理是什么?

　　4. 空间异质性是怎样影响群落结构的?

　　5. 植物群落有哪些基本特征?

　　6. 什么是生物多样性? 哪些因素可以增加生物多样性?

　　7. 试述 MacArthur 的平衡说及在自然保护区上的意义?

　　8. 从裸岩开始的群落演替会经历那些阶段?

　　9. 简述控制演替的几种主要因素。

　　10. 生物群落的演替有哪些类型?

　　11. 水生演替系列是怎样的?

　　12. 什么是植物群落的原生演替和次生演替? 请比较二者的异同。

　　13. 论述单元顶极、多元顶极和顶极格局三种理论,并找出三者间的异同点。

14. 简述中国植物群落分类的原则、系统和单位。

参 考 答 案

一、名词解释

1. 群落

群落是指在相同时间内聚集在同一地段上的许多物种种群的集合。

2. 生活型

生活型是生物对外界环境适应的外部表现形式,同一生活型的物种,不但体态相似,而且其适应特点也是相似的。生活型是不同生物对相同环境趋同适应的结果。

3. 层片

群落中由相同生活型或相似生态要求的物种组成的机能群落。

4. 生物多样性

生物多样性是指生命有机体及其赖以生存的生态综合体的多样性和变异性。生物多样性可以从三个层次上描述,即遗传多样性、物种多样性、生态系统与景观多样性。

5. 群落交错区

群落交错区又称为生态交错区或生态过渡带,是两个或多个群落之间(或生态地带之间)的过渡区域。

6. 群落最小面积

群落最小面积指的是基本上能够表现出群落类型植物种类的最小面积。组成生物群落的种类越丰富,其最小面积越大。

7. 优势种

优势种指群落中对群落的结构和群落环境的形成有明显控制作用的物种。

8. 边缘效应

群落交错区种的数目及一些种的密度增大的趋势,称为边缘效应。

9. 季相

群落优势生活型和层片结构的季节变化引起的群落季节性的外貌称为季相。

10. 定居

植物繁殖体到达新地点后,开始发芽、生长繁殖的过程。

11. 演替

演替指在植物群落发展变化过程中,由低级到高级,由简单到复杂,一个阶段接着一个阶段,一个群落代替另一个群落的自然演变现象。

12. 波动

波动是短期的可逆的变化,其逐年的变化方向常常不同,一般不发生新种的定向代替。

13. 原生裸地

从来没有植物覆盖的地面,或者是原来存在过植被,但被彻底消灭了(包括土壤)的地段。

二、填空题

1. 群落优势种的生活型　　层片结构
2. 多度与密度　　盖度　　频度　　重要值
3. 高位芽植物　　地上芽植物　　地面芽植物　　隐芽植物　　一年生植物
4. 镶嵌性
5. 遗传多样性　　物种多样性　　生态系统多样性　　数目或丰富度　　均匀度
6. 原生演替　　次生演替
7. 水生基质演替　　旱生基质演替

8. 自由漂浮植物阶段　　沉水植物阶段　　浮叶根生植物阶段　　直立水生植物阶段　　湿生草本植物阶段　　木本植物阶段

9. 群落生态

10. 植被型　　群系　　群丛

三、选择题

1	2	3	4	5	6	7	8	9	10	11
A	B	A	A	D	A	A	C	B	D	D
12	13	14	15	16	17	18	19	20	21	22
A	D	A	B	D	D	A	C	B	D	C

四、问答题

1. 答:(1) 位置上:位于两个或多个群落之间的过渡地带。

(2) 多种要素联合作用强烈,常是非线性现象显示区和突变发生区,生物多样性较高,某些种的密度较大。

(3) 生态环境:较复杂多样,抗干扰能力弱,恢复原状的可能性较小。生态环境变化快,恢复较为困难。

2. 答:层片:层片是指由相同生活型和相似生态要求的不同植物所构成的机能群落。

层片作为群落的结构单元,是在群落产生和发展过程中逐步形成的。具有如下特征:

(1) 属于同一层片的植物属于同一个生活型类别。

(2) 每一个层片在群落中都具有一定的小环境,不同层片的小环境相互作用构成群落环境。

(3) 层片的时间和空间变化形成了植物群落不同的结构特征。

层次:群落中植物按高度的垂直配置,就形成了群落的层次,强调群落的空间结构。陆生群落的成层结构是不同生活型的植物或不同高度的植物在空间上的垂直排列结果。如发育成熟的森林,通常可划分为:乔木层、灌木层、草本层和地被层。群落的成层性结构保证了植物群落在单位空间中更充分地利用自然环境条件。成层结构是自然选择的结果,它在很大程度上提高了植物利用环境资源的能力。

一般层次比层片的范围要宽,因为一个层次的植物可划分成若干种生活型。

3. 答:这样做是为了增加林区的生物多样性,依据的原理是中度干扰假说,即群落在中等程度的干扰水平能维持高多样性。这样林区中就会出现新的断层,新的演替,斑块状的镶嵌等,都可能是增加多样性的有力手段,但斑块的大小要适宜。

4. 答:空间异质性包括可以在水平和垂直方向的表现,分别影响群落的水平结构和垂直结构。空间异质性的程度越高,意味着有更多的生境,所以能允许更多的物种共存,群落结构更加复杂。

空间异质性包括非生物环境的空间异质性和生物环境(植物)空间异质性,两种空间异质性都会影响物种多样性和群落结构。如,在土壤和地形变化频繁的地段,群落含有更多的植物种,生物多样性较高,而平坦同质土壤的生物多样性则较低。在群落中植物层次多,各层次具更茂密的枝叶则表示取食高度多样性高。

5. 答:发育成熟的植物群落具有7个方面的特征:

(1) 具有一定的种类组成。种类组成是区别不同群落的首要特征,一个群落的种类组成多少及每种个体的数量是相对稳定的,其他种类并不能随意进入该群落。

(2) 群落中各物种间是相互联系的。群落不是由任意种类组合而成的,它们内部的相互关系必须取得协调与平衡,种类之间具有一定的相互制约、互利共生或偏利共生等关系。当一种生物受到影响数量变动后,其他物种的数量也会出现相应变动。

(3) 形成各自的群落内部环境。群落中生物对环境有一定的改造作用,群落内部的环境因子,如温度、湿度、光照等在质和量及变化方式等方面都有别于群落外部。

(4) 具有一定的结构。各类群落具有自己特有的群落外貌、水平和垂直结构表现。

(5) 具有一定的动态特征。群落的稳定是相对的,群落有其季节动态、年际动态,发育和演替等动态变化。

(6) 群落具有一定的地理分布范围。每一种群落都分布在特定的地段或特定的生境中,不同群落的生境和分布范围不同。地带性植被类型是有一定的分布规律性。

(7) 群落具有边界特征。在自然条件下,有的群落具有明显的边界,可清楚地加以区分;有的不具明显的边界,相邻的群落间是连续变化的。

(8) 群落中各物种具有不同的群落学重要性。在一个群落中,有些种对群落的结构、功能和稳定性贡献较大,有些种则处于次要和附属地位。

6. **答**:生物多样性是指生物种的多样化和变异性以及物种生境的生态复杂性,包括植物、动物和微生物的所有种及其组成的群落和生态系统。生物多样性可以从三个层次上描述,即遗传多样性、物种多样性、生态系统与景观多样性。遗传多样性又称为基因多样性,是指广泛存在于生物体内、物种内以及物种间所包含的遗传信息的总和。物种多样性是指物种水平上生物有机体的多样化。生态系统多样性是指生物群落的多样性、生境的多样性和生态过程的多样性。景观多样性是指不同类型的景观在空间结构、时间动态和功能机制方面的多样化和变异性。

空间异质性程度越高,物理环境越复杂,群落的复杂性也越高,生物多样性就越大。

生物多样性与进化时间有关,进化时间越长,且环境条件稳定的生境物种多样性越高。

气候越稳定,变化越小生物多样性越高。

植物群落的生产力越高,生产的食物越多,进入食物网的能流量越大,整个区域的物种多样性就越高。

捕食会把被捕食者的种群数量压到较低的水平，从而使被捕食者的种间竞争减弱，竞争的减轻允许有更多的被捕食者共存，故捕食者在一定程度上维持群落的多样性。

物种之间的竞争是物种进化和分离的动力，因此竞争能使物种的多样性增加。

人为因素，如加强生态系统管理和生物多样性保育等工作在一定程度上能使生物多样性提高。

7. **答**：此学说的基本内容为：岛屿上的物种数目决定于迁入物种和灭亡物种的平衡。并且，这是一种动态平衡，不断有物种灭绝，由同种或别的种的迁入而得到补偿。迁入率曲线和灭绝率曲线重叠一起的交叉点上的数目即为预测种数。

灭绝种不断地被迁入种所代替，处于动态平衡；

岛屿上的物种数目不随时间而变化；

大岛比小岛能维护更多的物种；

随着岛屿离大陆的距离由近及远，平衡种数逐渐降低。

在自然保护区上的意义：

保护区面积越大，能支持或供养物种越多，面积小，支持的种数也少。但有两点：建立保护区意味着出现边缘生境，适于边缘生境的种类受益；某些种类，生活在小保护区可能比大保护区好。

同样保护面积时，一个大保护区好还是几个小保护区好，取决于：

① 若每一个小保护区支持的都是相同的种，大保护区能支持更多的种；

② 隔离的小保护区能更好地防止流行病的传播作用；

③ 如果在一个相当异质的区域中建立保护区，多个小保护区能提高空间异质性，有利于物种多样性的保护；

④ 在保护密度低，增长率慢的大型动物时，为保护其遗传特性，大的保护区是必要的。

各个保护区之间的通道或走廊，对于保护是很有作用的：

① 能减少被灭亡的风险；

② 细长的保护区有利于物种迁入。

8. 答：从裸岩开始的群落演替为典型的旱生演替系列，包括如下演替阶段：

(1) 地衣植物群落阶段：地衣在裸岩表面定居，分泌有机酸腐蚀岩石，加上物理、化学风化作用，使岩石风化，使其表层更加松软，加上地衣残体积累少量有机物质。

(2) 苔藓植物群落阶段：依靠地衣较长时间的生活，形成的少量土壤，苔藓植物定居，苔藓植物的较大个体可以积累更多的腐殖质，对岩石表面改造更加强烈，加速了土壤的形成过程。

(3) 草本植物群落阶段：土壤积累到一定程度后，耐旱的草本植物开始进入并定居，种子植物对环境的改造作用更加强烈，土壤加厚，群落环境和小气候逐步形成，更有利于植物的生长。

(4) 灌木群落阶段：草本群落发展到一定阶段，木本植物特别是一些喜阳的灌木，开始出现并逐步形成以灌木为优势的群落。

(5) 乔木群落阶段：灌木群落发展到一定时期，为乔木的生存创造了良好的条件，乔木植物开始定居，并逐步发展成乔木占优势的群落。随着演替的进行，最终形成区域的地带性植被(顶极群落)。

9. 答：(1) 外界环境条件的变化(气候，地貌，土壤，火)；

(2) 植物繁殖体的迁移，散布和动物的活动性；

(3) 群落内部的环境变化；

(4) 种内和种间关系的改变；

(5) 人类的活动。

10. 答：(1) 按演替延续时间：① 世纪演替；② 长期演替；③ 快速演替。

(2) 按演替起始条件：① 原生演替；② 次生演替。

(3) 按基质性质：① 水生演替；② 旱生演替。

(4) 按控制演替的主导因素：① 内因性演替；② 外因性演替。

(5) 按群落代谢特征：① 自养性演替；② 异养性演替。

11. 答：(1) 自由漂浮群落阶段：由于湖底光照弱，湖水较深，以浮游植物和浮游动物为主。浮游生物不断死亡形成有机物沉底,流水携带泥沙沉积,抬高了湖底,为下一群落创造条件。

(2) 沉水群落阶段:沉水群落的生物死亡形成有机物沉入水底,水中泥沙不断沉积使湖底进一步垫高,湖水变浅,为浅水环境生物的生存创造了条件。

(3) 浮叶根生群落阶段:湖水浅时,浮叶根生植物竞争处于优势,不利于沉水植物的生长,随着浮叶根生植物不断死亡形成的残体和泥沙的沉积,湖水进一步变浅。

(4) 直立水生群落阶段:直立水生植物适应更浅的水环境,它们不断死亡形成的有机质等逐渐使湖底露出水面。

(5) 湿生草本群落阶段:由于土壤的蒸发和地下水位的下降,导致土壤向中生环境转变,同时伴随着中生草本的不断进入。

(6) 森林群落阶段:由于土壤趋向于中生及地下水位较深,木本植物不断进入,开始以灌木为主,以后乔木逐渐取代灌木,最终形成森林。

12. **答**:在植物群落发展变化过程中,一个群落代替另一个群落的自然演变现象称为演替。

演替可以从裸露的地面上开始,也可以从已有的一个群落中开始。裸地可以分为原生裸地和次生裸地。原生裸地是指从来没有植物覆盖的地面,或者是原来存在过植被,但被彻底消灭了(包括原有植被下的土壤)的地段。次生裸地是指原有植被虽已不存在,但原有植被下的土壤条件基本保留,甚至还有曾经生长在此的种子或其他繁殖体的地段。植物群落的原生演替是指发生在原生裸地上的演替,次生演替是指发生在次生裸地上的演替。

二者的共同点:

(1) 演替都是发生在裸地上。

(2) 群落在形成过程中,都有植物的传播(迁移或入侵)、植物的定居和植物之间的竞争这三个方面的条件和作用。

(3) 二者都是进展演替,即群落向着中生化、高生产力和物种多样化方向演替。

二者的不同点：

(1) 演替开始的土壤条件不同,原生演替开始的裸地条件严酷,从来没有植物的繁殖体或被彻底消灭了,而次生演替开始的裸地土壤条件基本保留,甚至还有一些繁殖体存在。

(2) 演替速度不同,原生演替比较慢,而次生演替较快。

13. **答**:(1) 单元顶极论的主要观点为:在同一气候区域内,无论演替初期条件如何,经演替最终都停止在一个最适应大气候的群落上,只要气候不变,人为或其他因素不干扰,此群落一直存在,一个气候区只有一个潜在的气候顶极群落,区域内其他生境若给以充分的时间,最终都将演替到气候顶极。

(2) 多元顶极的主要观点为:一个气候区内除有气候顶极外,还有土壤顶极、地形顶极、火烧顶级等多个顶极。

(3) 顶极格局的主要观点为:赞成多顶极论,但认为各种顶极不呈离散状态而呈连续变化,因而形成连续的顶极类型,构成一个以气候顶极为中心的顶极群落连续变化格局。

(4) 共性:① 都承认顶极群落是经过单向变化而达到稳定状态的群落。② 都承认顶极群落在时间上的变化和空间上的分布都是与生境相适应的。

(5) 区别:① 单元顶极论认为,只有气候顶极是演替的决定因素;多元顶极论认为,除气候顶极外,其他因素也可以成为演替决定因素。② 单元顶极论认为,一个气候区最终只形成一个气候顶极;多元顶极论不认为个气候区最终只形成一个气候顶极,认为除气候顶极外,还有土壤、地形等顶极。

14. **答**:(1) 分类原则:群落生态原则,即以群落本身的综合特征作为分类依据。

(2) 分类系统:植被型组—植被型—植被亚型—群系组—群系—亚群系—群丛组—群丛—亚群丛。

(3) 主要分类单位:① 群丛(基本单位);② 群系(中级单位);③ 植被型(高级单位)。

(王春景)

第五章 生态系统生态学

一、名词解释

1. 生物量；2. 生产量；3. 初级生产力；4. 净初级生产力；5. 氨化作用；6. 植被；7. 植被分布的经向地带性；8. 植被分布的纬向地带性

二、填空题

1. 生态系统的分解作用包括（   ）、（   ）和（   ）三个过程的综合。
2. 影响生态系统分解的因素主要有（   ）、（   ）和（   ）。
3. 太阳能只有通过（   ）才能源源不断地输入生态系统，然后再被其他生物所利用。
4. 以植物为食的动物称为（   ）消费者，以动物为食的动物称为（   ）消费者。
5. 生态系统的物质循环包括（   ）、（   ）和水循环三种类型，其中（   ）的循环速度比较慢，循环也不完善，往往是不完全循环，例如（   ）循环就是典型的该类循环。
6. 全球生物地球化学循环分为（   ）、（   ）、（   ）三大类型。
7. 全球氮循环是一个复杂的过程，主要包括（   ）作用、（   ）作用、（   ）作用和（   ）作用。
8. 分解时，无机元素从有机物质中释放出来，称为（   ）。
9. 最大的碳库是（   ）。
10. 最大的氮库是（   ）。

11. 一个地区出现什么植被主要取决于该地区的（　　）和（　　）条件。

12. 地球植被的分布模式基本上是由（　　），特别是（　　）决定的。

13. 世界上的热带雨林可分为三大群系类型，即（　　）雨林群系、（　　）雨林群系和（　　）雨林群系。

14. 世界森林群落从赤道向北极依次是热带雨林、（　　）、落叶阔叶林和（　　）。

15. 影响植被及生态系统分布的主要因素：（　　）和（　　）。

三、选择题

1. 生态系统的能量流动和物质循环是借助于（　　）进行的。
   A. 生物之间的取食　　　　B. 分解者的还原过程
   C. 绿色植物的养分吸收　　D. 生产者和消费者的繁殖

2. 测定生态系统初级生产力的方法中，直接测定方法是（　　）。
   A. 黑白瓶法　　　　　　　B. 叶绿素测定法
   C. 放射性同位素测定法　　D. 收割法

3. 下列生态系统中，初级生产力最高的是（　　）。
   A. 温带农田　　B. 温带草原　　C. 荒漠　　D. 冻原

4. 一个池塘有生产者、初级消费者、次级消费者和分解者。其中生产者固定的全部能量为 a，流入初级消费者、次级消费者和分解者的能量依次为 b、c、d，下列表述正确的是（　　）。
   A. $a=b+d$　　B. $a>b+d$　　C. $a<b+d$　　D. $a<c+d$

5. 生态系统的营养级一般不超过 5～6 级，原因是（　　）。
   A. 能量在营养级间的流动是逐级递减的　　B. 能量是守恒的
   C. 消费者数量不足　　　　　　　　　　　D. 生态系统遭到破坏

6. 林德曼效率描述的是两个营养级间的（　　）。
   A. 能量关系　　B. 信息传递　　C. 物质循环　　D. 营养关系

7. 陆地生态系统中初级生产力最高的生态系统是（　　）。

A. 热带雨林　　　　　　　B. 木本和草本沼泽

C. 北方针叶林　　　　　　D. 温带草原

8. 植物在单位面积、单位时间内所生产的有机物质的量称为(　　)。

A. 净初级生产力　　B. 净生产量　　C. 生物量　　D. 生产量

9. 按生产力高低排序,正确的答案是(　　)。

A. 热带雨林→亚热带季雨林→北方针叶林→冻原

B. 开阔大洋→河口→湖泊→大陆架

C. 温带草原→稀树草原→常绿阔叶林→北方针叶林

D. 长江流域农田→黄河流域农田→黑龙江流域农田→热带雨林

10. 生态系统中的能流途径主要是(　　)。

A. 生产者→消费者→分解者　　　　B. 生产者→分解者→消费者

C. 分解者→消费者→生产者　　　　D. 消费者→分解者→生产者

11. 能量沿着食物网流动时,保留在生态系统内各营养级中的能量变化趋势是(　　)。

A. 能量越来越少

B. 能量越来越多

C. 能量基本没有变化

D. 因生态系统不同,能量或越来越多,或越来越少

12. 下列生态系统中,开放程度最大的是(　　)。

A. 湖泊　　　B. 热带雨林　　　C. 农田　　　D. 水库

13. 形成次级生物量的生物类群是(　　)。

A. 化能合成细菌　　B. 真菌　　C. 蓝绿藻　　D. 蕨类植物

14. 下列生态系统中,生物量最高的是(　　)。

A. 热带雨林　　B. 温带草原　　C. 荒漠　　D. 开阔大洋

15. 选出正确的答案(　　)。

A. 所有的自然生态系统都是开放的生态系统

B. 所有的自然生态系统都是封闭的生态系统

C. 森林生态系统在演替初期是开放的生态系统,演替后期是封闭的生

态系统

   D. 湖泊生态系统是封闭的生态系统

16. 在森林生态系统食物网中,储存能量最多的营养级是( )。

   A. 生产者　　　B. 初级消费者　　　C. 次级消费者　　　D. 分解者

17. 初级生产力最高的区域是( )。

   A. 海洋　　　B. 草原　　　C. 海陆交接地带　　　D. 荒漠

18. 生产力和生物量最大的生态系统类型是( )。

   A. 草原　　　B. 森林　　　C. 海洋　　　D. 农田

19. 下列生物类群中,不属于生态系统生产者的类群是( )。

   A. 种子植物　　　B. 蕨类植物　　　C. 蓝绿藻　　　D. 真菌

20. 下列生物类群中,属于生态系统消费者的类群是( )。

   A. 高等植物　　　B. 哺乳动物　　　C. 大型真菌　　　D. 蓝绿藻

21. 从下列生物类群中,选出生态系统的分解者( )。

   A. 树木　　　B. 鸟类　　　C. 昆虫　　　D. 蚯蚓

22. 生态系统的功能主要是( )。

   A. 维持能量流动和物质循环

   B. 保持生态平衡

   C. 为人类提供生产和生活资料

   D. 通过光合作用制造有机物质并释放氧气

23. 地球上最大的氮库是( )。

   A. 土壤　　　B. 海洋　　　C. 大气　　　D. 陆地植物

24. 地球上碳最大的储存库是( )。

   A. 大气层　　　B. 海洋　　　C. 岩石圈　　　D. 化石燃料

25. 能流和物流速度快的生态系统是( )。

   A. 热带雨林　　　B. 落叶阔叶林　　　C. 温带草原　　　D. 北方针叶林

26. 下列生态系统中消费者食物专一性强的是( )。

   A. 热带雨林　　　B. 湖泊　　　C. 温带草原　　　D. 荒漠

27. ( )在湖泊中的营养物质循环中起关键作用。

A. 鱼类　　　　　B. 细菌　　　　　C. 浮游动物　　D. 藻类

28. 下列不属于冻原植被特点的是(　　)。

　　A. 种类组成简单　　　　　B. 群落结构简单

　　C. 耐低温　　　　　　　　D. 多为一年生植物

29. 下列不属于青藏高原植被特点的是(　　)。

　　A. 植被分布界限高　　　　B. 植被带狭窄

　　C. 植被旱生性强　　　　　D. 山地植被垂直带明显

30. 从海南岛沿我国东部北上可能依次遇到的地带性森林分别是(　　)。

　　A. 雨林、常绿林、落叶林和针叶林

　　B. 雨林、落叶林、常绿阔叶林和针叶林

　　C. 雨林、常绿阔叶林、针叶林和落叶阔叶林

　　D. 雨林、云南松林、常绿阔叶林和落叶林

31. 限制植物群落分布最关键的生态因子是(　　)。

　　A. 竞争者和捕食者　　　　B. 温度和降水

　　C. 耐受范围最宽的生态因子　D. 植物繁殖体的传播

32. 亚热带地区的典型地带性植被为(　　)。

　　A. 苔原　　B. 热带雨林　　C. 常绿阔叶林　　D. 针叶林

33. 地球上生物多样性最高的生态系统通常在(　　)。

　　A. 极地苔原　　B. 热带雨林　　C. 寒温带森林　　D. 温带草原

34. 季相最显著的群落是(　　)。

　　A. 常绿阔叶林　B. 落叶阔叶林　C. 北方针叶林　D. 热带雨林

35. 落叶阔叶林生态系统的主要分布区位于(　　)。

　　A. 热带　　　　B. 亚热带　　　C. 温带　　　　D. 寒带

36. 我国东部和南部为森林分布区,向西北依次出现了草原区和荒漠区,其原因主要是由于哪一个生态因子所致?(　　)。

　　A. 光　　　　　B. 湿　　　　　C. 水　　　　　D. 土壤

37. 雨林生态系统的主要分布区位于(　　)。

A. 热带　　　　B. 亚热带　　　　C. 温带　　　　D. 寒带

38. 北方针叶林生态系统的主要分布区位于（　　）。

A. 热带　　　　B. 温带　　　　C. 寒温带　　　　D. 寒带

39. 下列生态系统中，初级生产力最高的是（　　）。

A. 热带雨林　　B. 亚热带季雨林　　C. 常绿阔叶林　　D. 落叶阔叶林

40. 下列生态系统中，属于人工生态系统的是（　　）。

A. 热带雨林　　B. 橡胶园　　　　C. 北方针叶林　　D. 冻原

41. 下列生态系统中，不属于人工生态系统的是（　　）。

A. 农田　　　　B. 果园　　　　C. 被污染的湖泊　　D. 养鱼池

42. 种类组成丰富，群落结构复杂，板状根、裸芽、茎花现象明显，无明显季相交替的生态系统是（　　）。

A. 雨林　　B. 常绿阔叶林　　C. 落叶阔叶林　　D. 北方针叶林

43. 捉100种动物容易，捉一种动物的100个个体难的生态系统是（　　）。

A. 雨林　　　　B. 湖泊　　　　C. 草原　　　　D. 荒漠

44. 种类组成贫乏，乔木以松、云杉、冷杉、落叶松为主的生态系统是（　　）。

A. 雨林　　　B. 季雨林　　　C. 落叶阔叶林　　D. 北方针叶林

45. 大型食草有蹄类和穴居哺乳类动物占优势的生态系统是（　　）。

A. 雨林　　　B. 落叶阔叶林　　C. 方针叶林　　D. 温带草原

46. 红树林生态系统主要分布于（　　）。

A. 热带或亚热带　　B. 温带　　　C. 寒温带　　　D. 极地

47. 下列生态系统中，遭到破坏后最难恢复的是（　　）。

A. 热带雨林　　B. 北方针叶林　　C. 温带草原　　D. 极地冻原

48. 食物网结构比较简单的生态系统是（　　）。

A. 温带草原　　B. 落叶阔叶林　　C. 淡水湖泊　　D. 极地冻原

49. 下列生态系统中，属于人工生态系统的是（　　）。

A. 湖泊　　　　B. 草原　　　　C. 果园　　　　D. 热带雨林

50. 常绿阔叶林生态系统的主要分布区位于（　　）。
A. 热带　　　　B. 亚热带　　　　C. 温带　　　　D. 寒带
51. 落叶阔叶林生态系统的主要分布区位于（　　）。
A. 热带　　　　B. 亚热带　　　　C. 温带　　　　D. 寒带

四、问题答

1. 简述生态系统能量流动概况。
2. 概括出生态系统中能量流动的两个特点及其意义。
3. 分解过程的特点及其速率取决于哪些因素？
4. 影响生态系统初级生产量的因素有哪些？初级生产量有哪些主要测定方法？
5. 全球生物地球化学循环主要分为哪几大类型的循环？碳循环包括哪些主要的过程？
6. 阐述碳循环的基本路线，并解释人类活动如何对碳循环造成干扰。
7. 举例说明食物网对生态系统稳定性的作用。
8. 热带雨林在外貌结构上有哪些特点？
9. 试说明影响植被分布的主要因素和植被分布的地带性规律。
10. 植物群落分布为什么具有"三向地带性"？
11. 简述热带雨林群落的分布、生境和群落特征。
12. 简述常绿阔叶林的分布、生境和群落特征。

参 考 答 案

一、名词解释

1. 生物量

在某一时刻调查时单位面积上积存的有机物质。

2. 生产量

单位时间单位面积上的有机物质产量。

3. 初级生产力

单位时间、单位空间内,生产者积累有机物质的量。

4. 净初级生产力

在单位时间和空间内,去掉呼吸所消耗的有机物质之后生产者积累有机物质的量。

5. 氨化作用

蛋白质通过水解降解为氨基酸,氨基酸中的碳被氧化而放出氨的过程。

6. 植被

植被是指覆盖一个地区的植物群落的总体。

7. 植被分布的经向地带性

植被分布的经向地带性是以水分条件为主导因素,引起植被分布由沿海地区向内陆发生更替的一种植被分布格式。

8. 植被分布的纬向地带性

植被分布沿纬度方向有规律更替,主要取决于气候条件。

二、填空题

1. 碎裂   异化   淋溶
2. 待分解资源质量   分解者生物种类   分解时的理化环境
3. 光合作用
4. 初级   次级
5. 气体型(循环)   沉积型(循环)   沉积型循环   磷(P)
6. 水循环   气体型循环   沉积型循环
7. 固氮作用   氨化作用   硝化作用   反硝化作用(顺序不固定)
8. 矿化

9. 海洋

10. 大气

11. 气候　　土壤

12. 气候　　水热组合状况

13. 印度马来　　非洲　　美洲

14. 亚热带常绿阔叶林　　北方针叶林

15. 水分　　温度

三、选择题

1	2	3	4	5	6	7	8	9	10	11	12	13
A	D	A	B	A	A	A	D	A	A	A	C	B
14	15	16	17	18	19	20	21	22	23	24	25	26
A	A	A	C	B	D	B	D	A	C	B	A	A
27	28	29	30	31	32	33	34	35	36	37	38	39
C	D	B	A	B	C	B	B	C	C	A	C	A
40	41	42	43	44	45	46	47	48	49	50	51	
B	C	A	A	D	D	D	D	C	B	C		

四、问题答

1. 答:(1) 先由绿色植物把太阳光能变成植物体内的生物能(化学能)。

(2) 各级消费者和分解者通过食物网把能量逐级传递下去。

(3) 能量在每一营养级都有呼吸消耗,而且,上一营养级的能量也不可能全部转化到下一营养级中,因此,能流越来越细。

2. 答:生态系统能量流动的特点是:(1) 生态系统中能量流动是单方向和不可逆的。

(2) 能量在流动过程中逐渐减少,因为在每一个营养级生物的新陈代谢的活动都会消耗相当多的能量,这些能量最终都将以热的形式消散到周围空间中去。

意义:任何生态系统都需要不断得到来自系统外的能量补充,以便维持生态系统的正常功能。如果在一个较长的时间内断绝对一个生态系统的能量输入,这个生态系统就会自行灭亡。

3. **答**:分解者的种类和数量;资源质量;理化环境。

4. **答**:光、CO_2、水和营养物质是初级生产量的基本资源,温度是影响光合作用的主要因素,而食草动物的捕食会减少光合作用生产的生物量。初级生产量的测定方法主要有:收获量测定法、氧气测定法、CO_2测定法、放射性标记物测定法和叶绿素测定法。

5. **答**:全球生物化学循环分为三大类型,即水循环、气体型循环和沉积型循环。碳循环主要过程:

(1) 生物的同化过程和异化过程,主要是光合作用和呼吸作用。

(2) 大气和海洋之间的二氧化碳交换。

(3) 碳酸盐的沉淀作用。

6. **答**:碳循环的基本路线是从大气储存库经过光合作用被植物吸收固定,一部分转移到动物体内,再从动植物通向分解者,最后又回到大气中去。岩石圈和化石燃料是地球上两个最大的碳储存库。此外水圈、大气圈、植被等也都是碳的储存库。每年碳的吸收与释放之间是平衡的,从而保证了大气中流通的碳保持在一定的数量之内。但由于人类每年大量燃烧化石燃料,从储存库向大气中释放二氧化碳。同时森林的破坏又减弱了植被固定大气二氧化碳的能力,使越来越多的碳参与流通,导致大气中二氧化碳浓度增高,带来全球性气候变化。

7. **答**:生态系统中的生物成分之间通过能量传递关系构成了食物网,一个复杂的食物网是使生态系统保持稳定的重要条件,一般认为,食物网越复杂,生态系统抵抗外力干扰的能力就越强,食物网越简单,生态系统就越容易发生波动和毁灭。(举例略)

8. **答**:热带雨林在外貌结构上有很多独特的特点,具体如下:

(1) 种类组成特别丰富,大部分都是高大乔木。

(2) 群落结构复杂,树冠不齐,分层不明显。

(3) 藤本植物及附生植物发达,有叶面附生现象,富有粗大的木质藤本和绞杀植物;阴暗的林下地表草本层不茂盛,明亮地带草本较茂盛。

(4) 树干高大挺直,分枝少,树皮光滑,常具板状根和支柱根。

(5) 茎花现象很常见。

(6) 寄生植物很普遍。

9. **答**:水分和温度及其相互配合构成的水热条件是影响植被分布的主要因素,因水热条件的有规律变化,植被的分布也出现地带性规律。植被分布的地带性包括水平地带性(纬度地带性和经度地带性)和垂直地带性。纬度地带性指虽纬度升高,温度降低出现相应的植被类型,如北半球随纬度的升高依次出现热带雨林、亚热带常绿阔叶林、温带落叶阔叶林和针叶林、寒带荒漠等植被类型;经度地带性指在经度方向,从沿海到内陆,由于水分的变化,出现相应的植被类型,如热带地区从沿海到内陆,依次出现热带雨林、热带稀树干草原、热带荒漠;垂直地带性指随着海拔升高,温度降低,水分增加,依次出现相应的植被类型,垂直带植被为随海拔增加,出现基带以东、以北的植被类型。

10. **答**:"三向地带性"是指纬度地带性、经向地带性和垂直地带性。不同植物群落类群的分布决定于环境因素的综合影响,主要取决于气候条件,特别是热量和水分,以及两者的结合作用。地球表面的热量随纬度位置而变化,从低纬度到高纬度热量呈带状分布。水分则随距海洋远近,以及大气环流和洋流特点递变,在经向上不同地区的水分条件不同。水分和热量的结合,导致了气候按一定规律地理性更替,导致植物地理分布的形成:一方面沿纬度方向成带状发生有规律的更替,称为纬度地带性。另一方面从沿海向内陆方向成带状,发生有规律的更替,称为经度地带性。纬度地带性和经度地带性合称水平地带性。随着海拔高度的增加,气候也发生有规律性变化,植物物也发生有规律的更替,称为垂直地带性。

11. **答**:(1) 分布:赤道及其两侧湿润地区。

(2) 生境:终年高温多雨。

(3) 群落特征:① 种群组成较为丰富;② 群落结构极其复杂;③ 乔木具有板状根、裸芽、茎花等特征;④ 终生生长发育,无明显季相变化;⑤ 藤本植物、寄生植物及附生植物极丰富。

12. 答:(1) 分布:主分布亚热带大陆东岸,中国东南部为世界面积最大,最典型。

(2) 生境:亚热带季风季候,夏热冬温,无太明显干燥季节。

(3) 群落特征:① 种类组成丰富(不及热带雨林);② 群落结构复杂(不及雨林);③ 板根、茎花等现象几乎不见;④ 优势植物为樟科、壳斗科、山茶科和木兰科;⑤ 无明显季相变化。

(刘高峰)

第六章 应用生态学

一、名词解释

1. 生物多样性；2. 温室效应

二、填空题

1. 生态农业应具备以下三方面的特点：（　　）；（　　）；（　　）。
2. 生物物种的灭绝类型，一般区分为三类：（　　）、（　　）和（　　）。
3. 我国的生态农业的主要典型类型有（　　）类型、（　　）类型、（　　）类型、生态环境综合整治类型、资源开发利用类型和区域整体规划类型。
4. 生物多样性可以分为（　　）、（　　）、（　　）三个层次。
5. 导致水体富营养化的主要营养元素是（　　）和（　　）。
6. 大气中二氧化碳浓度升高，使大气层如同温室外罩一样，使地表温度上升，引起一系列环境问题，这种现象称为（　　）。

三、选择题

1. 温室效应指的是（　　）。

   A. 农业生产中大量使用温室和塑料大棚，产生了对环境不利的后果

   B. 大气中二氧化碳浓度升高，使大气层如同温室的外罩一样，太阳短波辐射容易进入，地表长波辐射难以出去，导致地表温度升高，导致气温升高

C. 农民长期在温室和塑料大棚内工作,导致了与温室和塑料大棚有关的疾病

D. 在温室和塑料大棚内生产的蔬菜质量与露天农田中生产的蔬菜质量不同

2. 水体富营养化的后果是(　　)。

A. 由于藻类大量繁殖,死后分解要消耗大量氧气,导致渔类因缺氧而死亡,使渔业产量减少

B. 由于藻类大量繁殖,使鱼类的食物增加,导致渔业产量增加

C. 对渔业产量没有影响

D. 使渔业产量忽高忽低

3. 下列资源属于非枯竭性自然资源的是(　　)。

A. 太阳能资源　　　　　　B. 天然气资源

C. 土地资源　　　　　　　D. 淡水资源

4. 下列做法不是可持续农业的做法的是(　　)。

A. 农、林、牧、渔多种经营

B. 大力植树造林,避免水土流失

C. 大力开展生物防治,避免化学农药污染

D. 大量使用化肥,保持农产品持续高产

5. 下列类型的农业生产模式不属于生态农业范畴的是(　　)。

A. 养鱼塘的分层养殖　　　　B. 农田的间作套种

C. 海洋的网箱养殖　　　　　D. 稻田养鱼或养鸭

6. 下列能源中,属于可再生能源的是(　　)。

A. 石油　　　B. 天然气　　　C. 煤　　　D. 水能

7. 防治害虫时,应该做到(　　)。

A. 彻底消灭害虫种群　　　　B. 保护天敌

C. 保护食物链的完整性　　　D. 保护害虫种群

8. 地球上可利用的淡水资源占地球总水量的比例约为(　　)。

A. 3%　　　B. 0.5%　　　C. 20%　　　D. 万分之一

9. 赤潮主要与下列因素有关:(　　)。

　　A. 全球变化　　　　　　　　B. 酸沉降

　　C. 水体富营养化　　　　　　D. 水体重金属污染物

10. 下列生态系统单位面积服务价值最高的是(　　)。

　　A. 热带雨林　　B. 海洋　　C. 湖泊河流　　D. 湿地

11. 赤潮的形成主要与下列哪种因素的关系最为密切?(　　)。

　　A. CO_2浓度升高　　　　　B. 水体温度变化

　　C. 水体富营养化　　　　　　D. 水体重金属污染物

12. 引起温室效应的主要原因是大气中(　　)的浓度增加。

　　A. 二氧化碳　　B. 甲烷　　C. 氟氧化合物　　D. 二氧化硫

13. 酸雨的形成时由于哪些物质在强光照射下进行光化学氧化作用,并和水汽结合而形成的(　　)。

　　A. 二氧化碳和一氧化碳　　　B. 二氧化硫和一氧化氮

　　C. 二氧化碳和一氧化氮　　　D. 二氧化硫和一氧化碳

14. 下面哪种资源属于可更新的自然资源(　　)。

　　A. 化石燃料　　B. 生物资源　　C. 金属矿物　　D. 非金属矿物

15. 我国水土流失最严重的地区是(　　)。

　　A. 黄土高原　　B. 青藏高原　　C. 长江流域　　D. 珠江地区

16. 下列生态系统中,开放程度最大的是(　　)。

　　A. 湖泊　　B. 热带雨林　　C. 农田　　D. 水库

17. 下列生态系统中,属于人工生态系统的是(　　)。

　　A. 海洋　　B. 撂荒地　　C. 被污染的湖泊　　D. 养鱼池

18. 温室效应的最直接后果是(　　)。

　　A. 气温升高　　　　　　　　B. 极地和高山冰雪消融

　　C. 海平面上升　　　　　　　D. 生态系统原有平衡破坏

19. 下列资源属于可再生性资源的是(　　)。

　　A. 煤炭资源　　B. 核能资源　　C. 森林资源　　D. 天然气资源

20. 下列属于环境污染的问题是(　　)。

A. 森林破坏导致的水土流失

B. 草原破坏导致的沙漠化

C. 大量抽取地下水导致的地面沉降

D. 大量使用化肥导致的水体富营养化

21. 酸雨中含有的酸性化合物是（   ）。

A. HCl 与 H_2SO_4 B. HNO_3 与 HCl

C. H_3PO_4 与 HNO_3 D. H_2SO_4 与 HNO_3

22. 导致水体富营养化的主要元素是 P 和（   ）。

A. C   B. S   C. N   D. O

23. 蜂桶—鸡舍—猪圈—蚯蚓池，这种圈养模式属于生态农业的哪个类型？（   ）。

A. 立体种养殖型   B. 物质循环利用型

C. 生物相克避害型   D. 生物环境综合整治型

24. 种植—养殖—沼气模式属于（   ）。

A. 立体种养殖类型   B. 物质循环利用类型

C. 生态环境综合治理类型   D. 资源开发利用类型

25. 下列不属于生态系统服务的是（   ）。

A. 水土保持   B. 生物防治   C. 休闲娱乐   D. 群落演替

26. 下列不属于光化学烟雾剂的是（   ）。

A. 臭氧   B. 二氧化氮   C. 二氧化硫   D. 醛类

27. 收获理论中，收获目标指的是（   ）。

A. 收获最大产量   B. 收获恒定产量

C. 长期持续获得最大产量   D. 收获种群所有个体

28. 臭氧层破坏属于（   ）。

A. 地区性环境问题   B. 全球性环境问题

C. 某个国家的环境问题   D. 某个大陆的环境问题

29. 出现酸雨的主要原因是由于大气中（   ）的污染。

A. CO_2 B. CO C. SO_2 D. HCl

四、问题答

1. 近代物种多样性丧失加剧的原因主要有哪些？
2. 什么是生物多样性？它包括哪几个层次？并分别解释各层次的含义。
3. 简述温室气体浓度升高的后果。
4. 怎样正确处理人与自然的关系？
5. 论述全球主要生态问题及对策。

参 考 答 案

一、解释题

1. 生物多样性

生物中的多样化和变异性以及物种生境的生态复杂性。

2. 温室效应

由于大气层的气体浓度变化引起的全球变暖。

二、填空题

1. 整体性与可调控性　　稳定、高效与持久性　　地域性
2. 背景灭绝　　大量灭绝　　人为灭绝
3. 立体种养殖　　物质循环利用　　生物相克避害
4. 物种多样性　　遗传多样性　　生态系统多样性
5. 氮(或 N)　　磷(或 P)
6. 温室效应

三、选择题

1	2	3	4	5	6	7	8	9	10
B	A	A	D	C	D	C	B	C	D
11	12	13	14	15	16	17	18	19	20
C	A	B	B	A	C	D	A	C	D
21	22	23	24	25	26	27	28	29	
D	C	A	B	D	C	C	B	C	

四、问题答

1. 答：(1) 过度利用、过度采伐和乱捕乱猎。

(2) 生境丧失和片断化。

(3) 环境污染。

(4) 外来物种的引入导致当地物种的灭绝。

(5) 农业、牧业和林业品种的单一化。

2. 答：(1) 生物多样性是指生物的多样化和变异性及其物种生境的生态复杂性。包括植物、动物、微生物的所有种及其组成的群落和生态系统。

(2) 包括遗传多样性、物种多样性和生态系统多样性。

(3) 遗传多样性是指地球上所有生物所携带的遗传信息的总和；物种多样性是指地球上生物有机体的多样化；生态系统多样性指生物圈中生物群落、生境与生态过程的多样化。

3. 答：(1) 出现温室效应，使地表温度升高。

(2) 导致极地和高山冰雪消融速度加快、海水受热膨胀，使海平面上升，沿海低地受到海水的侵袭。

(3) 改变了全球水热分布格局，部分湿润地区可能变得干燥，而部分干燥地区可能变得湿润。

（4）改变了生态系统原有的平衡状态，一部分生物可能不适应环境的改变而濒危或灭绝。

4. **答**：随着生产力的发展和科学技术的进步，人类已经由自然生态系统中的普通成员转变为能够任意改变自然的主宰者。人类在改造自然、造福人类的同时，也带来了一系列环境问题，危害到了人类的自身生存。人类必须重新审视自己在自然中的地位，处理好与自然的关系。用生态学观点指导生产，规范人们的行为，是正确处理人与自然关系的前提。控制人口数量，可为其他生物留有足够的生存空间并能减少对自然资源的消耗。在改造自然、服务于人类的时候，要保持生态系统的平衡状态，避免生态失衡带来的危害。在取用自然资源的时候，要考虑对环境的保护并使可更新资源能持续利用，使不可更新资源能长久利用。要彻底摒弃自然资源取之不尽、用之不竭的错误观点。

5. **答**：全球主要生态问题包括环境问题、资源问题和人口问题。纷繁复杂的环境问题，大致可以分为两类：一类是因为工业生产、交通运输和生活排放的有毒有害物质而引起的环境污染，如农药、化肥、重金属、二氧化硫等造成的污染；另一类是由于对自然资源的不合理开发利用而引起的生态环境的破坏，如水土流失、沙尘暴、沙漠化、地面沉降等。资源问题是指自然资源由于环境污染和生态环境破坏以及人类过度开发利用导致的自然资源枯竭，包括矿产资源、淡水资源、生物资源和土地资源。人口问题包括人口数量问题和人口老龄化问题。人口的快速增长，加快了自然资源的消耗，加大了对自然环境的压力，世界所面临的资源、环境、农业等一系列重大问题，都与人口的快速增长有关；人口老龄化将对社会经济带来沉重负担，延缓经济增长速度，因老年人的特殊需要，国家必须加大社会福利、救济保障、医疗服务等方面的投入，以保护老年人的利益。解决全球生态问题的对策是：控制人口数量，提高人口质量，减轻对环境和资源的压力；提高全人类保护环境和资源的意识，减轻对环境和资源的破坏与利用程度，实现可持续发展；加强法制建设，用法律手段保护环境和资源；发展科学技术，用科技力量解决全球生态问题。

（刘高峰）

参 考 文 献

[1] 孙儒泳,李庆芬,牛翠娟,等.基础生态学[M].北京:高等教育出版社,2002.
[2] 牛翠娟,娄安如,孙儒泳,等.基础生态学[M].2版.北京:高等教育出版社,2007.
[3] 娄安如,牛翠娟.基础生态学实验指导[M].北京:高等教育出版社,2005.
[4] 李铭红.生态学实验[M].杭州:浙江大学出版社,2010.
[5] 章家恩.生态学常用实验研究技术与方法[M].北京:化学工业出版社,2007.
[6] 杨持.生态学实验与实习[M].北京:高等教育出版社,2003.
[7] 李博.生态学[M].北京:高等教育出版社,2005.
[8] 尚玉昌.普通生态学[M].3版.北京:北京大学出版社,2013.
[9] 庄丽.生态学学习指导[M].咸阳:西北农林科技大学出版社,2010.
[10] 付荣恕,刘林德.生态学实验教程[M].北京:科学出版社,2004.